U0694956

无忧致胜

——快乐工作的智慧

How to Stop Worrying and Start Living

（美）戴尔·卡耐基 著

陆海峡 李霞 译

时代出版传媒股份有限公司

安徽文艺出版社

图书在版编目（CIP）数据

无忧致胜:快乐工作的智慧/（美）戴尔·卡耐基著；陆海峡，
李霞译. —合肥：安徽文艺出版社，2012.10
（理想图文藏书·卡耐基作品）
ISBN 978-7-5396-4329-8

Ⅰ. ①无… Ⅱ. ①戴… ②李… Ⅲ. ①成功心理－通俗读物
Ⅳ. ①B848.4-49

中国版本图书馆CIP数据核字（2012）第152981号

出 版 人：朱寒冬
丛书统筹：岑 杰　　　　　　策　划：千喜鹤文化
责任编辑：姜婧婧　岑 杰　　　特约编辑：张秀琴
图片解说：大雅堂　　　　　　装帧设计：视觉共振工作室

出版发行：时代出版传媒股份有限公司　www.press-mart.com
　　　　　安徽文艺出版社　www.awpub.com
地　　址：合肥市翡翠路1118号　　邮政编码：230071
营销部：（0551）3533889
印　　制：天津海德伟业印务有限公司　电话：022-29937888

开本：889×1194　1/32　印张：12.875　字数：280千字
版次：2013年1月第1版　2021年5月第2次印刷
定价：39.00元

（如发现印装质量问题，影响阅读，请与出版社联系调换）

版权所有，侵权必究

前言　撰写此书的初衷

1909年，我，一个忧伤的小伙子，在纽约销售载重卡车维持生计。我不知道，也不想知道载重卡车的工作原理。我鄙视自己的工作，讨厌位于西大街56号的简陋住处———一个蟑螂出没的房间。我记得，我把领带挂在墙上，早上我抓起一条红色的领带，匆匆忙忙出门。这时，蟑螂就会四处逃窜。我讨厌肮脏廉价的饭馆，也是由于蟑螂的缘故。

大学时代的梦想变成了噩梦。每晚我都带着失望、忧虑、痛苦和叛逆的情绪，回到孤寂的房间。难道这就是生活？难道这就是我期望的人生历练？我讨厌自己的工作，我不得不与蟑螂同处一室，我吞咽令人作呕的食物……总之，我的未来前景灰暗，希望渺茫。我渴望闲暇时光，渴望读书，渴望完成大学时代的夙愿——著书立说。

对我而言，放弃讨厌的工作并没有任何损失。我对赚取巨额财富并不热衷，却对生存之道充满兴趣。简而言之，我进退两难。像所有年轻人一样，我必须谋生，必须抉择。我做出一个决定。这个决定改变了我的未来；它不仅让我的人生充满乐趣，而且还给予了我许多意外收获。

我决定放弃自己厌恶的工作。我毕业于密苏里州华伦斯堡州立师范学院，于是，我打算从事夜校的成人教育工作。如此一来，我可以利用闲暇时间读书、备课、撰写小说。我希望自己能够"生活创作两不误"。

那么，我能教授什么科目呢？回顾自己受过的教育，权衡利弊，我想到了演讲。我接受过演讲培训，有过演讲经历。演讲消除了我的胆怯和自卑，给予了我处理人际关系的勇气和信心。它还让我明白了一个道理：敢于挺身而出、直抒胸臆的人往往更容易得到幸运女神的眷顾。显而易见，演讲具有实用价值。

我向哥伦比亚大学和纽约大学提出申请，谋求夜校进修课程班的演讲教师一职。但是，两所学校都回绝了我。

感谢上帝，他们拒绝了我。尽管当时我失望至极，但出于一种不服输的心理，我开始在基督教青年会夜校授课。这是多么具有挑战性啊！学员都是成年人，他们来学习不是为了一纸文凭，也不是为了沽名钓誉。他们只有一个目的：解决自身的麻烦。他们希望培养自信，希望成为商业骄子；他们希望为家庭赚取更多的财富；他们希望自己能在商务会谈中侃侃而谈，而不至于惊恐昏厥；推销员希望自己能信心满满，成功说服固执的客户。这些学员分期支付学费，如若他们没有收获，就会停止支付学费。我的报酬不是月薪或年薪，而是从学员学费中收取提成。因此，如果我想生存，就必须努力。

那时，我觉得自己犹如困兽。现在，我意识到，自己得到的是弥足珍贵的磨炼。我必须激励我的学生，帮助他们解决问题；我必须使每节课鼓舞人心，吸引他们继续学习。

我喜欢这份令人兴奋的工作。学员们不但建立了自信，而且职务上得到晋升，收入上得到提高。课程的成功远远超出我的预期，对此，我十分惊讶。在我任教的三个季度里，基督教青年会最初拒绝支付我每晚5美元的薪水，后来却要依据学费抽成，每晚支付我30美元的课酬。起初我仅仅教授演讲课程，但随着岁月的流逝，我发现，成年学员同样需要交际能力。没有合适的教科书，我就自己动手。我根据学员的亲身经历撰写了一本教材，将其命名为《情商无敌》（又译《人性的弱点》）。

《情商无敌》原本是成人教育的教材。此前，我曾经出版过4本著作，但反响平平。我做梦都没想到，此书能够如此畅销，而我也成了目前尚在人世最令人惊叹的作家之一。

时光如梭，我意识到了困扰成年人的另外一个难题：忧虑。我的学员大多是相关行业的实干家，比如主管、推销员、工程师，等等，他们都面临这个难题。班上的女企业家和家庭主妇，也有同样的麻烦。显而易见，我需要一本针对忧虑的教材。于是，我去了第五大道与四十二大街拐角处的图书馆。我仔细寻找，吃惊地发现，"忧虑"名下仅有22本图书。然而，与"虫子"相关的图书却有189本之多，几乎是"忧虑"的9倍。难道这还不令人震惊吗？忧虑是人类面临的最大难题之一，难道高中和大学不应该开设"如何消除忧虑"之类的课程吗？没错，这样的课程在大学里闻所未闻。难怪戴维·西伯里在其著作《如何成功克服忧虑》中如此断言："我们原本书呆子一个，但是，没有经过任何准备，没有受过任何训练，他们却要我们突然转型，成为芭蕾舞蹈演员。我们就是这样走向成熟的。"

结果呢？医院的病床上躺着的多半是精神病患者。

纽约图书馆里22本"忧虑"名下的图书，我一一通读。此外，我还尽己所能，购买了一些相关书籍。但是，这些书没有一本适合作为教材。于是，我下定决心，准备自己操刀。

7年前，我开始着手准备。我从孔夫子到丘吉尔，研读了各个时代的哲学家关于忧虑的著述；我采访了不同领域的杰出人物，比如杰克·登普西、奥马尔·布拉德利将军、马克·克拉克将军、亨利·福特、埃莉诺·罗斯福以及多萝西·迪克斯等。然而，这些只是一个开端。

此外，我还做了远比采访和读书更为重要的事情。我用了5年的时间，在成人教育班进行了一个有关克服忧虑的实验。据我所知，这是世界首次，也是唯一的一次此类实验。我教给学员消除忧虑的方法，要求他们在生活中付诸实践。然后，我们在班上汇报自己消除忧虑的技巧，并就其成效展开讨论。

我敢说，就"如何克服忧虑"这个话题而言，我比世上任何一个人都知之甚多。我借助邮件，阅读了数百篇"如何克服忧虑"专题的演讲稿件，其中既包括我们自己学员的大作，也不乏世界顶级的精彩之作。所以，此书既不是象牙塔的产物，也不是关于如何克服忧虑的学术报告。恰恰相反，我展示给诸位的是一本纪实报告。它言简意赅，却记载着成千上万个如何克服忧虑的案例。有一点非常肯定：此书具有实用价值。诸位不妨一读，给予验证。

我很乐意地告诉诸位，你们不会在书中看到虚构的某先生，或身份模糊的玛丽和约翰。除了个别案例，书中的故事都有据可查，因此，多数案例都会提及当事人的姓名及其详细住址。

法国哲学家瓦莱说过，"科学是成功的秘诀"。此书聚焦于如何克服忧虑，它有许多秘诀，经得起时间的考验。不过，我要提醒诸位，你们在书中找不到任何新鲜的东西，但是，你们会发现很多自己不常见的道理。事实就是如此，我们并不需要什么新鲜玩意儿。我们都知道如何完美生活，我们都知晓金科玉律，我们都熟知登山宝训。我们的问题不是无知，而是无所作为。此书的目的在于重述、阐释、重构和颂扬许多古朴的真理，促使诸位明白其内涵，并学会灵活运用。

诸位拿到此书，绝非仅仅为了了解作者的创作过程。诸位需要的是行动。那么，我们还等什么呢？如若诸位读完了此书的第一、第二篇，却仍然没有获取克服忧虑、享受生活的力量和意志，那么，你们不妨把它撕毁——反正它对你没有任何益处。

戴尔·卡耐基

目录

第八篇 如何找到称心如意的工作

第九篇 如何减轻你的财政担心

第十篇 克服忧虑的32个真实的故事

戴尔·卡耐基

无忧致胜
——快乐工作的智慧

（美国）戴尔·卡耐基 著

罗伯特·斯蒂文森

第一篇
忧虑之真相

把握今天

1871年春，蒙特利尔综合医院的一名医科学生忧心忡忡：他担心期末考试，担心将来何去何从，担心如何度过实习阶段，担心如何赚钱谋生……他随手翻开了一本书，其中的一句话对他的未来产生了深刻的影响。

这句话激励着这位医科学生，使之成为了当时闻名遐迩的医学家。他创建了举世闻名的约翰·霍普金斯医学院；他被英国国王封为爵士；他被授予英国医学界的最高荣誉，成为牛津大学医学院的钦定教授。他逝世之后，后人用两卷1466页的鸿篇巨制追述他的生平。

他就是威廉·奥斯勒爵士。1871年春，他读到了那句至理名言："我们要了解的是触手可及的事物，而不是虚无缥缈的东西。"托马斯·卡莱尔的这句话使他受益终生，远离忧虑的困扰。

42年后一个温暖的春夜，威廉·奥斯勒爵士来到郁金香盛开的耶鲁大学演讲。他告诉学生，自己被4所大学聘为教授，并出版了一本畅销著作。因此，他被公认为"具有特别睿智的大脑"。但他言称事实并非如此，他的挚友知道，他的大脑与常人无异。

那么，他成功的秘诀是什么呢？他解释说，他"拥有独立的今天"。此话如何理解？原来，在耶鲁讲学前的几个月，威

托马斯·卡莱尔（1795—1881），英国历史学家、哲学家，代表作有《法国革命》《论英雄、英雄崇拜和历史上的英雄业绩》等。

威廉·奥斯勒爵士

廉·奥斯勒爵士曾经乘坐远洋轮船，横渡大西洋。在船上，他看到船长在驾驶台按下了一个按钮，伴随着机器的轰鸣声，轮船的各个部分立刻被隔离为独立的防水隔间。威廉·奥斯勒爵士对耶鲁学生如此阐释："现在，你们的配置比远洋轮船更为精妙，航程也更加遥远。我想告诫你们，你们应该像船长控制轮船设施那样，拥有独立的防水隔间。唯有如此，你们才能确保航程的安全。站在驾驶台上，你们至少要了解隔离壁的工作原理。在人生的每个阶段，按下一个按钮，铁门就会隔离逝去的昨日；按下另一个按钮，金属卷帘就会遮蔽尚未来临的明天；而你们，只会拥有安全独立的今天。隔离过去，也就是意味着抛弃了致使你走向毁灭的昨日。如若在明天的基础上加上昨日的重荷，势必会阻碍今天的发展。你们要像隔离过去一样对待未来，未来就是每一个今天，不是明天。人类的救赎也是今天。精力耗费和精神抑郁会如影随形，伴随着那些忧虑未来的人。那么，我们何不抛弃过去，隔离未来，换一种生活方式？我们应该拥有独立的今天。"

奥斯勒爵士是不让我们为明天而拼搏吗？绝非如此。他在演讲中解释说，我们为明天所做的最好准备，就是集中智慧和热情，把今天的事做到至善至美。这是我们为了未来付诸努力的唯一方法。

奥斯勒爵士劝诫耶鲁学生，每早做如下祈祷："请赐予我们今日的面包。"

诸位谨记，我们祈祷的是今日的面包。我们不要抱怨昨日的馊面包，也不要如此祈求："噢，上帝，最近麦田干旱，可能将经受一场干旱，我们怎么度过秋天？假若我丢掉工作，我又以何度日？"

不，祷文启示我们，我们只能为今日的面包祈祷，而且只能吃到今日的面包。

多年以前，一位一贫如洗的哲学家游历世界，来到了一个贫穷乡村。一天，哲学家在山顶发表了一番精彩绝伦的言论，后来广为流传。他的言论精髓就是："莫为明天忧虑。明天自有明天的烦恼，我们承受今天，已经足够。"

耶稣有言："莫为明天忧虑。"很多人认为，这个观点过于完美和神秘，因而拒绝接受。人们总是言之凿凿："我必须为明天着想。我得为家人买保险，为养老储蓄。我必须提前准备。"

不错，你理应如此。其实，耶稣的这句话译于300年前的詹姆斯王朝。当时，"忧虑"一词与"焦虑"意思相近。现在，新版《圣经》译文对这句话的表述更为准确，那就是"莫为明天焦虑"。

当然，我们必须为明天做好准备。我们需要谨慎地考虑，周详地计划，但不能焦虑。

二战期间，军队领导者必须为明天筹划，却不能有任何忧虑。美国厄耐斯特·金恩上校说："为最优秀的士兵配置最好的装备，给他们分配最卓越的任务，这就是我的工作。"

"如若一艘船已经下沉，"金恩上校继续说，"我无法阻止；如若一艘船正在下沉，我也不能阻止。我需要时间，解决明天的难题，而不是为昨日懊恼。反之，我将无法坚持而不懈怠。"

战争时期也好，和平时期也罢，好主意与坏主意有着天壤之别：好主意考虑事情的前因后果，并制定出针对性的计划；坏主

《耶稣基督为孩子们祝福》｜佚名

意则导致紧张和精神崩溃。

我有幸采访了亚瑟·苏兹伯格（1935-1961）。他是世界著名报纸之一《纽约时报》的发行人。苏兹伯格先生告诉我，第二次世界大战在欧洲爆发时，他非常震惊，而且对未来充满忧虑。夜深人静时分，他常常从梦中惊醒，夜不能寐。于是，他坐在画板前，看着镜中的自己，尝试自画像的创作。他对画画一窍不通，但是，为了缓解心中的忧虑，他坚持作画。后来，苏兹伯格先生把一首赞美诗中的诗句作为自己的格言，方才消除了忧虑，获得心灵的宁静。这首赞美诗就是《一步足矣》。

> 仁慈的光引领方向，
> 它照亮我的航程。
> 我不奢求远方的风景，
> 一步长进足矣。

与此同时，欧洲战场上一位士兵也领悟到了这一人生真谛。这位士兵名叫泰德·本杰明诺，来自马里兰州的巴尔的摩。此前，他担心自己患有严重的战争疲劳。

"1945年4月，"本杰明诺写道，"因为忧虑过度，我患上了一种被医生称为结肠痉挛的疾病。它把我折磨得痛苦不堪。如若不是战争结束，我一定会完全崩溃。

"我疲惫不堪。当时，我是94步兵师的军官，主要负责登记战争中伤亡、失踪人员，协助挖出战场上被草草掩埋的士兵尸体，收集他们的遗物，并送还给他们的亲友。因为恐惧，我一直担心，担心自己会犯下严重的错误，担心自己不能安然躲过劫难，担心自己没有机会见到尚未谋面、已经是16个月大的儿子。我满怀忧虑，疲惫不堪，体重下降了34磅。我看着自己瘦骨嶙峋的双手，想着自己将像个魔鬼一般回到家中。我极度恐惧，整个人都崩溃掉了。我像婴儿般地哭泣，常常独自黯然神伤。德军开始了反攻，我几乎放弃了恢复正常生活的希望。

"在军队配药房，一位军医给了我忠告，彻底改变了我的生活。做完全身检查后，他说我的麻烦出自精神方面。'泰德，'他说，'生活就像沙漏。数以千计的沙子在沙漏顶端，但是，它们只能一粒一粒、缓慢均匀地通过中间的缝隙。除非破坏沙漏，任何人都不能使沙漏一次通过两粒细沙。生活就像沙漏，我们每天需要完成许多任务。但是，正如沙漏缝隙一次只能通过一粒细沙一样，我们只能按部就班，逐次完成任务。否则，急于求成只会导致我们的身体垮掉和精神崩溃。'

"军医的忠告使我受益终生。此后我一直谨记'一次一粒沙，一次一项任务'的忠告。战争期间，这个忠告曾经挽救过我的身心健康。现在，我在印刷公司的人事部门和广告部门任职。我发现，这个忠告依然对我的工作大有裨益。商场如战场。我们须在极短的时间内完成多项任务，比如补充材料、处理表格、安排仓储、变迁地址、了解分公司的营业状况，等等。我牢记'一次一粒沙，一次一项任务'这句忠告，不仅高效地完成了工作，而且再也未曾出现过战争时的迷惘和混乱情绪。"

当前出现一个令人震惊的现象：医院半数以上的床位被神经和心理疾病患者占据，病因皆源于病人对过去的积郁和对未来的恐惧。如果他们能够牢记耶稣的"莫为明天忧虑"，或者威廉·奥斯勒爵士的"拥有独立的今天"，他们大多可以避免住院治疗，从而过着开心幸福的生活。

我们都生活在两个无尽的交汇之处，那就是已经远逝的过去和即将到来的未来。我们不可能生活在任何一个无尽之中，哪怕只是一秒钟，否则只会损害我们的身心健康。那么，我们就应该生活在现在，生活在现在到睡眠这段时间。罗伯特·斯蒂文森说过："每一天，无论负担多么沉重，我们都可以迎来温柔的夜晚；无论工作多么艰难，我们都可以挺到晚霞满天的时刻。这就是生命的真谛。"

只要生活到夜幕降临，这就是生活对我们的要求。希尔兹太太住在密歇根州的萨吉诺。没有参透这点之前，她一直生活在绝望之中，甚至差点自杀。"1937年，我失去了丈夫，"希尔兹太太如此讲述她的故事，"我身无分文，万分绝望。我给前任老板，堪萨斯城的罗奇-福勒公司的利昂·罗奇先生写信求助，希望能回去工作。我重新工作，继续向农村和城镇学校推销《世界图书》。两年前丈夫患病的时候，我卖掉了汽车。于是，我分期付款买了一辆二手车，开始了我的工作。

"我以为，自己可以从绝望中解脱。但是，我难以忍受独自驾车、独自用餐的孤独。在一些地方，我的图书滞销。尽管汽车的分期付款数目不大，但我还是难以支付。

"1938年春，我在密苏里州凡尔赛工作。这里的学校破旧不堪，道路颠簸不平。我十分孤独和绝望，甚至产生了自杀的念头。成功遥不可及，生活毫无乐趣可言。我害怕每天早上起床，我害怕直面生活。我忧心忡忡：担心自己不能按时偿还车款和房租，担心自己食不果腹，担心自己生病无钱就医。我想自杀，但转念一想，姐姐不但没钱支付我的丧葬费，而且还会悲伤至极，我又打消了自杀的念头。

"一天，我看到一篇文章。我犹如醍醐灌顶，摆脱了绝望，重新鼓起了生活的勇气。'对于智者，每天都是新生'，这句振奋人心的话使我至今心怀感激。我把这句话打印出来，贴在汽车的挡风玻璃上——每次驾车出行，我都会看到。我发现，每次生活在今天并不困难。我学会遗忘过去，不再忧虑明天。每天早上，我会对自己说：'今天是我的一次新生。'

"我成功地克服了孤寂，摆脱了贫困的生活。我对生活充满了热爱，事业也变得一帆风顺。现在我领悟到，无论生活如何对我，我不再忧虑，也不再恐惧未来。因为我深知，每次我只能生活一天；我领悟到了'对于智者，每天都是新生'这句话的内涵。"

诸位不妨猜猜，下面这首诗歌出自何人之手？

这个人很快乐，独自地快乐着，

他言称今天属于自己。

今天他安然自得，敢于宣称：

"明天很糟糕，但我已度过今天。"

这几句话颇有现代色彩，不是吗？但却是由公元前30年的罗马诗人贺拉斯所写。

我认为，人类最悲哀的天性就是消极生活。我们对天际美妙

贺拉斯·古罗马诗人·批评家·代表作为《诗艺》。

古罗马诗人贺拉斯

的玫瑰园充满了向往，但却无心欣赏窗外正在盛开的玫瑰花。

为什么我们成了这样的傻瓜，成了如此可悲的傻瓜？

"我们的生命历程多么古怪！"斯蒂芬·李柯克如此写道，"孩童时，我们盼望成为男孩；成为男孩以后，我们又盼望长大成人；长大成人后，我们却又等待结婚成家。但是结婚之后，情形又会如何呢？我们会不厌其烦地推就，一直到退休为止。然而，退休以后，我们回首前尘往事，一切皆如过眼云烟。我们韶华已逝，错过生命中很多东西。其实，生命的真谛在于生活中，在于每时每刻，可是我们却迟迟不能领悟。"

生活的真谛在于每时每刻。爱德华·埃文斯是底特律一名已故的律师，他在领悟此句格言之前，差点自杀。他在贫寒中长大，最初卖报为生，后来做了杂货店的店员。随后，他成为图书管理员助理，担负起一家7口的生计。虽然收入微薄，他却害怕被辞退。8年之后，他才鼓起勇气，开创了自己的事业。起初，他借了55美元，作为事业的起步资金，不料一年之后，他竟然盈利高达2000美元。后来，他遭遇了致命的打击——他为朋友投资大笔资金，但朋友的破产让他血本无归。灾难接踵而至，他存款的银行倒闭，使得他不仅失去了自己赚取的财富，还背负了16000美元的债务。他难以承受突如其来的打击，整个人彻底崩溃。"我寝食难安，"他如此向我叙述，"除了忧虑还是忧虑，最后，我竟然积郁成疾。一天，我在街上行走，晕倒在地。此后，我只能卧床休养。由于长时间的静卧，我的身体开始溃烂，卧床修养也成了令人难以忍受的痛苦。后来，我的身体越发虚弱，医生告诉我，我仅仅剩有两周的生存时间。震惊之余，我拟好了遗嘱，等待死亡的降临。我知道，抗斯蒂芬·李柯克，加拿大幽默作家、演说家、经济学家。主要作品有《文学上的失识》《打油小说集》《小镇艳阳录》等。

斯蒂芬·李柯克像

争和忧虑已然徒劳无益，唯有放弃。不料，在整个人得到了彻底放松之后，奇迹却出现了。长期以来，我每天只能安睡短短的两个小时，现在我却睡得像个婴儿般香甜。就这样，我逐渐远离了忧虑，食欲在恢复，体重也在增加。

"过了几周，我可以借助拐杖行走。6周以后，我找了一份销售汽车挡板的工作。没错，我曾经每年赚取过2000美元的利润，现在我的周薪仅仅有30美元，但我却极其快乐。我将所有的精力、时间、热情都投入到了这份工作。我不再忧虑，不再抱怨过去发生的一切，不再畏惧未来。"

此后，埃文斯的事业如日中天。短短几年，他成为埃文斯工业公司的总裁，公司的股票业绩在纽约交易所名列前茅。1945年，埃文斯去世。他是美国开明的商业人士之一。如果诸位有机会飞临格陵兰岛，飞机将会降落在以埃文斯命名的机场。

这则故事给予了我们丰富的启示：如若埃文斯没有参透忧虑，没有领悟拥有今天的含义，他的生活与事业就不会获得成功。

公元500年前，希腊哲学家赫拉克利特曾经告诫学生："除了过去，一切都在改变。你不可能两次进入同一条河流。"河流每秒钟都在流动，所以人不可能两次进入同一条河流。同样，生活也在永不停息地改变。

唯一确定的是今天。我们为什么要破坏今天的美好生活，去担忧千变万化的明天呢？谁也无法对明天做出预言。古罗马有句名言言简意赅，一语中的："享受今天"或"把握今天"。不错，我们要把握今天，并善加利用。

这也是洛厄尔·托马斯的人生哲学。最近，我到他的农场度

赫拉克利特

周末，在播音室的墙上看到了《圣经·诗篇》里的两行诗歌，具有同样的哲理：

> 这是耶稣订约的日子，
>
> 我们在这天要高兴快乐。

在自己的书桌上，作家约翰·拉斯金摆放着刻有"今天"两字的一块石头；我在浴室镜子上贴了一首隽永的小诗，每天剃须的时候即可看到。威廉·奥斯勒爵士也曾把这首诗摆放在书桌上。这首诗出自印度戏剧家卡里达沙之手，叫做《向黎明致敬》。

> 把握今天！
>
> 因为今天即生活，
>
> 真正生活之生活。

> 简短的历程，
>
> 包含了所有的真理和生存的意义。
>
> 成长的喜悦，
>
> 行动的荣耀，
>
> 美的光辉。

> 昨日如梦，
>
> 明天亦不过是幻象。
>
> 充实地过好今天，

把每个昨天变成充满喜悦的美梦，

把每个明天变成满怀希望的憧憬。

好好地把握今天！

这就是向黎明致敬！

因此，关于忧虑，诸位应该首先了解的是：如若不想一生遭受忧虑的困扰，我们不妨仿效威廉·奥斯勒爵士，用铁门隔离过去和未来，拥有独立的今天。

准则一：就下列问题，为何我们不扪心自问，写出答案？

1.我是否延迟了今天的事而去忧虑未来？我是否向往虚无缥缈的东西？

2. 我是否常常为过去而后悔，令今天痛苦不堪？

3. 我是否每天都下定决心，要好好支配今天？

4. 拥有独立的今天，我是否会有更多的收获？

5. 我应该何时采取行动：下周，明天，或今天？

解忧之万能公式

在未深入阅读本书之前，诸位是否乐意了解，消除忧虑都有哪些行之有效的的方法？

威利斯·卡里尔，空调工业的领军人物，杰出的工程师，也是闻名世界的卡里尔公司的总裁。卡里尔公司位于纽约的锡拉库扎。一天，我们在纽约工程师俱乐部共进午餐，他讲述了自己消除忧虑的妙招。下面是卡里尔的经历：

"年轻时，我曾在纽约州水牛城的水牛钢铁公司工作。一次，我被派往密苏里州水晶城的匹兹堡玻璃公司，在一家下属分厂安装一套价值不菲的瓦斯清洁装置。这套装置主要用以清除导致发动机故障的瓦斯杂质。由于我们对安装技术不大熟悉，在水晶城遇到了意想不到的麻烦。经过一番努力，问题得到解决，但结果却差强人意。

"失败给了我当头一棒。我难以接受这个事实，有段时间甚至忧心忡忡，夜不能寐。最后，理智告诉我，不能再这样下去了。我找到了一个卓有成效的排忧妙招，一直使用了30年之久。这个妙招简单实用，谁都能够操作。它包含下列三个步骤：

"第一步：我冷静分析了失败导致的糟糕局面。肯定的是，我不会因此坐牢或被枪毙。事实上，我可能失去这份工作，我的老板可能损失20000美元，仅此而已。

"第二步：分析之后，我说服自己接受这个结果。我对自己说，我的工作记录上可能写下极不光彩的一笔，我也可能丢掉工作。如若这样，我大不了另谋出路。对于老板而言，他虽然损失了20000美元，但还不至于破产。我接受了最糟糕的结果，意想不到的事发生了：我感觉到了前所未有的放松和平静。

"第三步：此后，为了改变糟糕的状况，我投入了全部的时间和精力，努力减少损失。经过数次试验之后，我发现，我们只要追加5000美元的资金，问题便可得到解决。不出所料，我们追加5000美元之后，不但挽回了20000美元的损失，而且还赚到了15000美元的利润。

"倘若我继续忧心忡忡，问题便无法得到妥善解决——忧虑具有一个致命特点，那就是分散注意力。我们忧虑的时候，会因胡思乱想而失去决策能力。我们迫使自己接受现状之后，才能心无旁骛，专注于解决问题。此事发生在多年以前，此后，我一直使用这个方法排忧解难。这个方法立竿见影，我的生活再也没有遭受忧虑的侵扰。"

为什么卡里尔的办法具有如此大的实用价值？从心理学角度分析，这个办法帮助我们走出彷徨的迷雾，扎根于坚实的土地。如果没有坚实的落脚点，我们根本无法解决任何问题。

应用心理学家之父威廉·詹姆斯教授于1910年告别人世。倘若他依然健在，他会对此方法大加褒扬。我如何得知的呢？因为教授生前曾经如此告诫学生："我们只有接受了所发生的一切，才能克服将来的任何不幸。"

　　《生活的艺术》是中国哲学家林语堂先生的畅销之作。林先生在书中写道："心灵的平静源自接受最坏的境遇，这样才能焕发新的活力。"

　　没错！这样才能焕发活力！我们接受了最坏的境遇，我们不会再失去什么。换言之，我们仍然有希望挽回失去的一切。正如卡里尔所言："我接受了最糟糕的结果，意想不到的事发生了，我感觉到了前所未有的放松和平静。我可以思考了。"

　　言之有理，对不？在生活中，很多人拒绝接受最糟的结果。他们不愿意改进，不愿意挽救，因此，他们依然生活在愤怒和混乱之中。他们不是致力于命运的转机，而是沉溺于心酸苦难，最终沦为忧郁症的奴隶。

　　人们如何运用卡里尔的方法解决自身的难题？诸位想见证吗？我们不妨看一个案例。当事人是纽约的一位石油商，曾经做过我的学生。

　　"我被敲诈了，"他说，"电影中的事情竟然发生在了我的身上，简直令人难以置信。但是，我确实被敲诈了。事情的经过是这样的，我所在的石油公司有几辆运输卡车和一帮司机，当时战事吃紧，我们按量给客户供给石油。但是，我不知道，司机暗中克扣了石油，再转卖给他们自己的客户。

　　"一位声称是政府调查员的人找到我，披露了这件违法勾当。他说他掌握了确凿的证据，如果我不满足他的要求，他将把证据交给地方检察院。虽然我与此事毫无瓜葛，但我知道，公司有为员工负责的义务。我还知道，如果此事闹上法庭，被媒体曝光，我的生意将会毁于一旦。父亲于24年前创立了这家公司，我

林语堂

一直以此引以为豪。公司如果遭此厄运，我于心何忍？

"我忧心忡忡，以致成疾。我三个昼夜不吃不睡，不停地来回踱步，思索对策。我是乖乖的接受此人5000美元的勒索，还是要他滚开，随他折腾？我必须抉择，结束这场噩梦。

"周日晚上，我无意中翻开了一本小册子。那是卡耐基先生演讲时发放的讲义，叫做《情商无敌》（又译《人性的弱点》）。我看到了卡里尔的故事。我对自己说：假若我不满足敲诈者的条件，他就会把证据交给法院。那么，最糟糕的情形会是什么呢？我的生意会被彻底摧毁，我会失去事业，但不至于进监狱。于是，我又对自己说，好吧，我坦然接受这一切，然后又会怎样？我需要另谋生路，我对石油行业了如指掌，有几家大公司会乐意雇佣我……前思后想，我并不觉得可怕。于是，困扰了我三天三夜的焦虑土崩瓦解。情绪平静下来后，我惊奇地发现，我又恢复了思考能力。

"我很清楚，我下一步的努力在于改善自身所处的不利环境。我思考解决问题的方法，一个念头划过脑际——我应该把此事告诉我的律师，他也许会想出我不曾想到的办法。此前，我一直深受忧虑的困扰，竟然没有想到这些。我立刻决定，第二天一早请教律师。当晚，我酣然入睡。

"结果怎样呢？第二天，我和律师沟通之后，听从了他的建议，告知法院实情。我讲述了事情的来龙去脉，不料想，地方检察官的话让我大吃一惊。原来，类似敲诈事件已经持续了数月之久。事实上，这位冒充政府调查员的人是警方追捕的逃犯。闻听此话，我彻底放松。这次经历使我深深明白，以后遇到难题，我

戴尔·卡耐基

要依据卡里尔的解忧之道，消解自己的忧虑。"

在卡里尔为密苏里州水晶城瓦斯清洗设备忧虑的同时，一位叫厄尔·哈尼的年轻人却因身患十二指肠溃疡在写遗嘱。这位年轻人住在内布拉斯加州的布罗肯鲍。包括一名专家在内的三位医生都断定，他的疾病已经无药可医。他们嘱咐哈尼提前写好遗嘱，注意饮食，保持冷静，不能忧虑和烦恼。因为这个病，哈尼已经被迫放弃了一份高薪职位。现在，除了徘徊在死亡的边缘，他无法做事，唯有绝望。

后来，他做了一个石破天惊的决定。他说："自从我知道自己时日不多之后，我反倒下定决心，要好好利用剩下的时间。我一直希望在自己辞世之前环游世界。此时不做，更待何时？"于是，他买了一张船票。知道他的决定之后，医生大为吃惊。他们警告哈尼："如果你环游世界，必将葬身大海。"哈尼回答："不，我已经答应家人，自己死后一定葬在家乡的祖坟。为了预防不测，我会携带棺材同行。"

"我带着棺材登上了轮船。我和船舶公司签下一纸协议：如果我在途中离开人世，他们必须将我的尸体保存在冷冻舱内，然后送我回家。我默念着奥马尔的一首诗歌，踏上了旅程。

啊，在化为泥土之前，
我岂能辜负生命的欢愉。
一旦化为泥，永眠在黄泉，
便再无乐趣和明天。

哈尼的旅途并不枯燥。他在给我的一封信中写道："我吸烟喝酒，尝试各种各样的食物，甚至包括那些可以致命的当地特色风味小吃。我享受了多年未曾享受的乐趣。虽然遭遇了季风和台风，我在这次冒险中还是获得了巨大的乐趣。

"我在船上游戏、唱歌、结识新的朋友，甚至胡闹到半夜。当轮船航行到中国和印度后，我目睹了东方的贫穷与饥饿。这时我发现，自己回去后面对的事情简直微不足道。我抛弃了所有无关的忧虑，感到特别轻松。回到美国后，我体重增加了90磅，几乎忘记了自己曾身患重疾。我重返商场，再也没有病倒过。"

厄尔·哈尼还告诉我，他后来才得知，自己无意中使用的排忧方法，竟然和卡里尔如出一辙。最近他平静地告诉我："我现在才意识到，自己使用的方法，与卡里尔一模一样。首先，说服自己，面对最坏的结果——死亡；其次，我努力改变自身的环境，好好享受剩余的时光。如果航行中我继续忧虑，毫无疑问，我会躺在棺材中返航。但是，我忘记了所有的不快，完全地放松自己。正是这种平静的心态，焕发了我的活力，挽救了我的生命。"

准则二：假若你深受忧虑的折磨，请采用威利斯·卡里尔的神奇万能公式。

1.自问："最糟的状况将会是什么？"

2.接受最糟的情形。

3.冷静地改善。

忧虑——长寿之天敌

不知道如何抗拒忧虑的人不会长寿。

——亚历克西斯·卡雷尔博士

多年前的一个夜晚，我的邻居——纽约市的一名志愿者按响了我家的门铃，提醒我们注射天花疫苗。大家惊慌失措，排队长达几个小时，等候注射疫苗。医院、消防局、警察分局及工厂车间都设有疫苗注射站。2000多名医生和护士不分昼夜地忙碌。导致此事的原因是什么？纽约城8人感染了天花，两例已经死亡。也就是说，800万人口中死亡2人。

我在纽约生活了37年。但是，迄今为止，谁也没有按响我家的门铃，提醒我预防精神疾病——忧虑症。与天花相比，忧虑症的危害要厉害10000多倍。谁也不会告诫我们，在美国的10个人中，就有一个生活在忧虑和感情冲突导致的精神崩溃之中。我撰写此书，就是为了告知诸位这些。

诺贝尔医学奖获得者亚历克西斯·卡雷尔博士说过："不知道如何抗拒忧虑的商人不会长寿。"其实，家庭主妇、兽医、泥瓦匠也是如此。

几年前，我驾车到德克萨斯州和新墨西哥州度假，曾经就忧虑对人的影响与戈伯博士进行沟通。当时，戈伯博士担任圣达菲铁路医疗部门的经理。他说："70%去医院就医的病人，只要消除他们的恐惧和忧虑，他们的疾病就可以痊愈。不要以为他们的病痛子虚乌有，其实，有些时候，他们的病痛比牙痛严重百倍。比如，精神性消化不良、胃溃疡、心脏病、失眠、头痛以及各种麻痹病症等，皆由忧虑引发。这些并非虚构。我曾经被胃溃疡折磨了12年，所以知之甚详。恐惧引起忧虑，忧虑使人紧张，进而影响胃部神经，使胃液分泌失调导致胃溃疡。"

约瑟夫·蒙塔古博士是《神经性胃病》一书的作者。他说过同样的话："胃溃疡的病因不是你吃了什么，而是你在忧虑什么"。梅育诊所的阿尔瓦雷茨博士说："情绪紧张程度的高低决定了胃溃疡的加剧或消失。"

在对梅育诊所15000名胃病患者进行调查之后，阿尔瓦雷茨博士证实了这个观点。4/5的患者的病因不是源于生理，而是源于恐惧、忧虑、憎恨、极端自私和无法适应现状。《生活》杂志的调查发现，胃溃疡能导致死亡，它在人类致命疾病中排名第十。

最近，我一直和梅育诊所的哈罗德·海彬博士保持联系。在美国工业医师协会的年会上，他宣读了一篇论文。论文宣称，他对176名平均年龄为44.3岁的商业行政人员进行调查。调查发现，超过1/3的人由于生活高度紧张患有心脏病、溃疡和高血压。我们不妨思索一下，这些人平均年龄不到45岁，却患有这些危害巨大的疾病。难道成功的代价就是透支身体的健康吗？一个人赢得了整个世界，却失去了健康，对他个人而言，这些又有什么好处？就算他坐拥世界，也只能睡一张床，一日三餐果腹。睡觉一张床，一日有三餐，一个职场新人都可以做到。与位高权重者相比，或许他吃得更香，睡得更甜。坦白而言，我宁愿在阿拉巴马州做一个轻松愉快的佃农，也不愿做一个不到45岁身体就垮掉的铁路公司或烟草公司的总裁。

最近，世界著名的烟草商在加拿大森林放松的时候死于心脏病。他家财万贯，去世时年仅61岁。他极有可能为了换取所谓的"事业成功"，赔上了几年的生命。在我看来，他远远不及我父亲一半的成功。我的父亲只是一位密苏里州的普通农民，他去世时身无分文，享年89岁。

著名的梅育兄弟诊所声称，他们接收的病人半数以上患有精神疾病。但是，在高倍显微镜下检查病人的神经组织，他们却发现，大部分人健康如常。由此可知，病人的病源于沮丧、焦虑、忧虑、恐惧、挫败、失望等情绪。先知柏拉图曾经说过："医生的最大错误在于治疗生理疾病，却不关注精神状态。其实，两者不应该分离。"

经过了2300年的探索之后，医学界才明白这一道理。作为一门崭新的学科，"心理生理医学"正在快速发展。它注重对人身心的同时治疗。近代医学已经攻克了由细菌导致数百万人死亡的传染病，比如天花、霍乱、黄热病，等等。但是，对于由忧虑、恐惧、仇恨、沮丧、挫败所引起的情绪疾病，现代医学却束手无策。这种情绪疾病引发了灾难性的后果，且后果越来越严重，传播速度越来越快。

根据医生估算，每20个美国人中就有一人曾经在某个时期患过精神疾病。二战期间，因精神疾病不能服兵役的年轻人达到1/6

柏拉图（约公元前 427—公元前 347）·古希腊伟大的哲学家，也是西方文化界最伟大的思想家之一。与其老师苏格拉底、学生亚里士多德并称为古希腊三大哲学家。代表作为《理想国》。

柏拉图

之多。

什么原因导致了精神疾病呢？谁也不知道完整的答案。但是，由于恐惧和忧虑所引起的案例占了很大比例。大多数忧虑和烦躁的人不能适应现状，因此，他们断绝与外部环境的联系，退缩到自己幻想的世界中，希望借此消除忧虑。

我的书桌上放着一本《除忧去病》。这本书由爱德华·波多尔斯基博士撰写，章目如下：

忧虑对心脏的影响

忧虑导致高血压

忧虑引起风湿病

忧虑加重胃负担

忧虑让你感冒

忧虑和甲状腺

忧虑在糖尿病患者身上的特征

另一本关于忧虑的书叫做《自找麻烦》，作者是梅育兄弟诊所精神病学成员之一的卡尔·门宁格博士。这本书聚焦于忧虑如何摧残人生，书中披露的细节令人震惊。如果诸位试图摆脱忧虑，那么，你应该拥有此书，并把它介绍给朋友们。这本书仅售4美元，但它会是你一生中最有价值的投资。

忧虑甚至使最坚强的人呈现病态，格兰特将军在内战快结束的最后几天发现了这点。经过是这样的：格兰特将军率军围攻里士满长达9个月之久，由于没有粮草接济，南部联邦李将军的部队

尤利西斯·辛普森·格兰特：美国著名将领，南北战争后期曾任联邦军总司令，后成为美国第18任总统。

格兰特将军

士气不振，整个军团一时丧失了信心。许多士兵在帐篷内祈祷、哭喊，甚至有些士兵出现了幻觉。眼看败局已定，李将军的部队纵火烧了里士满的棉花、烟草仓库和军火库，在火光冲天的夜晚弃城而逃。格兰特将军乘胜追击，从左右两侧及后面夹击南方联军。同时，谢里登的骑兵在前面截击，捣毁了铁路线，歼灭了增援的部队。

令人难以忍受的头痛，再加上一只眼睛看不到，格兰特将军落队了，于是他停在了一户农家。后来他在回忆录中写道："晚上，我把双脚泡在加了芥末的热水里，并在双腕和后颈贴了芥末药膏，希望能在第二天恢复。"

翌日，他果然痊愈了。但这并不是芥末药膏的功劳，而要归功于李将军的骑兵带来的一封他书写的投降信。

"当那个骑兵把信递给我时，我仍然头痛难忍，但看完信的内容之后，我立刻康复了。"

显而易见，格兰特将军的忧虑、紧张和不安是导致他头痛的罪魁祸首。而一旦恢复了自信，胜利在望之时，忧虑所致的头痛也就随之烟消云散了。

70年后，小亨利·摩根索担任富兰克林·罗斯福内阁的财政部长。他发觉，忧虑能使他头晕目眩。总统为了提高小麦价格，下令在一天内购进440万蒲式耳小麦，这个措施使他忧心如焚。他在日记中写道："问题悬而未决，我整个人昏昏沉沉，吃过午饭只休息了两个小时。"

如果我要了解忧虑对人们的影响，不必去图书馆或者找医生。我只需通过我正在写作的房间窗户向外观望，就会发现，在

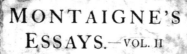

MONTAIGNE'S ESSAYS.—VOL. II

FLORIO'S TRANSLATION

'In England, Montaigne was accepted almost as an English writer. Florio's version has the merit of being written in the vivid and picturesque language of the time of Elizabeth.'—EDWARD DOWDEN.

OXFORD UNIVERSITY PRESS

英文版《蒙田随笔》封面

街区某一栋楼的某个房间，某个人已经精神崩溃；在另外一个房间里，某个人则因为忧虑患上了糖尿病。股市下跌的时候，他体内的血糖值一直直线上升。

著名的法国哲学家蒙田曾经当选家乡小镇的市长。当时，他对市民们说："我会用我的双手处理你们的事务，而不影响我的肝和肺。"

我那个执迷于股市的邻居差点自杀。

如果我想揭示忧虑对人们的影响，我不用看邻居的房间，只需环视一下我正在写作的这个房间就成。它的前任主人因为忧虑而最终葬送了自己。

忧虑会使你因风湿病和关节炎终身与轮椅为伴。世界公认的关节炎权威——康奈尔大学医学院的罗塞尔·塞西尔、罗列了导致关节炎的四种常见情况：

1、破裂的婚姻

2、财务难题

3、孤寂忧虑

4、长期的愤怒

当然，引发关节炎的原因多种多样，这四种不是唯一，但却是最常见的病因。我们不妨以我的一个朋友为例。在经济大萧条时期，煤气公司停止了他家的煤气供应，银行没收了他抵押的房产，生活艰难。他的妻子突然患上了关节炎，各种药物治疗皆无效。直到他们经济状况好转以后，他妻子的病情才有所改善。

忧虑甚至导致蛀牙。在美国牙医协会的讨论会上，威廉·麦戈尼格尔博士说："忧虑、恐惧、疑虑等不良情绪可以破坏钙的

《蒙田随笔》｜插图｜西班牙｜萨尔瓦多·达利

平衡，从而引起蛀牙。"他举例子说，他的一位病人在妻子未患病之前，有一口非常健康的牙齿。但在妻子住院的3周里，他因为忧虑有了9个蛀牙洞。

你见过甲状腺亢奋的人吗？他们像是被吓得半死的人一样颤抖，浑身摇摆。甲状腺的主要功能是控制身体机制的协调，一旦失调，心率就会加快，整个人就像一座熊熊燃烧的火炉。如果得不到及时的手术或治疗，病人很可能会因为精力枯竭而死亡。不久前，我陪同一位不幸患有此病的朋友去费城，找专攻此病38年的专家诊治。候诊室的的木板墙上，写着专家给病人的忠告。排队等候的时候，我把忠告抄到了信封的背面。诸位能猜到忠告的内容吗？

娱乐和消遣

健康的信仰、睡眠、音乐与欢笑，

最能使人轻松快乐的因素。

对上帝有信心，学会睡得安稳，

喜爱动听的音乐，幽默地看待生活，

健康和快乐就会属于你。

医生问了我朋友第一个问题："什么不良情绪导致了这个状况？"医生警告我的朋友，如果他不停止忧虑，心脏病、胃溃疡或糖尿病等并发症将接踵而至。医生总结说："所有的这些病患关系紧密，它们产生的原因皆是忧虑。"

我曾有幸采访电影明星默尔·奥伯伦。她说自己拒绝忧虑，因为她知道，忧虑会破坏她从事大荧幕行业的主要资本——美貌。

她告诉我："当我涉足电影界的时候，非常忧虑和害怕。当时我刚从印度回来，有心在举目无亲的伦敦找份工作。我见了几个制片商，但没有谁愿意雇用我。仅有的一点钱即将耗尽，有两周我只得靠饼干和水维持生活。当时我不仅忧心忡忡，还饱受饥饿的折磨。我对自己说：'也许你是一个傻瓜，你没有经验，永远不可能进入演艺圈。除了一张漂亮的脸蛋，你还有什么？'

"在照镜子的时候，我吃惊地发现，忧虑正在摧毁我的容貌。焦虑使我满面皱纹，脸色憔悴。我告诫自己，必须立刻停止忧虑，否则它会毁了我仅有的资本。"

忧虑是为数不多，但能加速摧毁女人容貌的祸因。忧虑使我们愁容满面，这时，我们会出现牙关咬紧的难看表情，从而形成长久的怒容。忧虑能使人一夜白发，甚至头发脱落，也能引起各种皮疹、溃烂、粉刺而毁容。

在今日美国，心脏病是人们的头号杀手。在二战期间，将近30万的人在战场上死亡；而在同一时间，200万的市民死于心脏病，其中一半以上死者的心脏病源于忧虑和高度紧张的生活。卡雷尔博士说过："不会抗拒忧虑的商人不会长寿"，而心脏病正是人们折寿的主要原因之一。中国人和黑人能够冷静地处理事情，所以他们很少患有因忧虑而引发的心脏病。医生死于心脏病的几率是农民的20倍，这大概也是紧张生活对他们的惩罚吧。

威廉·詹姆斯说："上帝会宽恕我们的罪恶，但神经系统不会。"

一个令人难以置信的事实是：相比死于传染病的人数，美国

一笑就美丽了

同一个人，笑与不笑完全两样，人一笑就美了许多。

但丁（1265—1321），意大利中世纪诗人，代表作品《神曲》既是中世纪文学的巅峰之作，也是文艺复兴的先声之作。

《但丁像》｜法国｜多雷

每年自杀身亡的人数更多。为什么呢？答案主要是忧虑。

残忍的中国封建主在折磨战俘的时候，会捆住俘虏的手脚，然后在他们的头顶放置一个日夜不停滴水的水袋。水滴发出锤子敲击的声音，并且不住地滴到战俘的头上，最终致使他们精神失常。西班牙的宗教法庭和德国法西斯集中营也使用过同样的酷刑。忧虑就像不停滴落的水滴，最终导致人们精神失常和自杀。

我在密苏里州的乡村度过了童年。当时，听到牧师所描述的地狱之火，我差点被吓死。但是，牧师没有想到，其实，人们身心遭受的忧虑无异于地狱的一团团烈火。假若你是一个长期的忧虑症患者，终有一天，你将受到人类最难以忍受的痛苦——心绞痛。

伙计，如果此病开始发作，你将痛苦地尖叫。相比你的尖叫，但丁在《地狱篇》里所描写的惨叫都会显得逊色。你会对自己说："噢！上帝，如果我能摆脱此病，今生我将永远不再忧虑。"（我夸大事实吗？你不妨咨询一下你的家庭医生。）

你热爱生命吗？你想长寿并拥有健康的身体吗？在此我引用卡雷尔博士的话："那些生活在喧哗的现代都市，但内心平和的人，将不会受到精神疾病的干扰。"

你能生活在喧哗的现代都市而保持内心的平和吗？如果你是一个正常人，答案是肯定的。我们中绝大多数人要比我们所了解的坚强，内心的潜力还没有得到充分的发挥。梭罗在其不朽的著作《瓦尔登湖》中写道："我了解一个令人振奋的事实，一个人可以努力提高自己的生活能力。如果一个人自信地向梦想出发，向自己想象的生活努力，他必然会得到预计的成功。"

当然，诸位拥有坚强的毅力和内在潜力，就像家住爱达荷州

《但丁在地狱所见》┃法国┃多雷

的奥尔加·嘉微一样。她发现，在最为悲惨的情况下，自己却能驱逐忧虑。她写信给我说："8年半以前，我被判定时日不多。我会慢慢地被癌症折磨致死。国内医学界的权威梅育兄弟也证实了这一诊断。徘徊在死亡的边缘，我很不甘心，我还很年轻，不想告别人世。绝望之下，我写信给在凯洛格的医生，哭诉心中的绝望。他相当生气地责备我：'奥尔加，你怎么了，难道你已经被打败了吗？如果你继续哭泣，毫无疑问你将死去。你确实遇到了最糟糕的情况。面对事实，停止忧虑吧！你应该做些什么。'他的话让我为之一振。我紧紧地抓住自己的胳膊，以至于指甲深陷皮肤。那一刻我庄严发誓：'我一定要战胜自己！我不会再哭泣，不会再忧虑！我要战胜疾病！我要活下去！'

"当时，我的身体状况不允许使用激光照射，只能采用X光照射。通常情况下，病人只能连续X光照射30天，每天10.5分钟。但他们一直给我照射了49天，每天14.5分钟。尽管我骨瘦如柴，两脚如灌铅般沉重，但我不再忧虑，我甚至没再哭泣过。尽管微笑不是发自内心，但我坚持面带微笑。

"我并没有愚蠢地认为，微笑可以治愈癌症。但是我相信，乐观的心态有助于抵抗疾病。不管怎样，我奇迹般地康复了，现在的健康是前所未有的。多亏了麦卡弗里博士所说的那番话，'面对现实不要忧虑，而是决定做些什么'。"

在结束此章之前，我想重申亚历克西斯·卡雷尔博士的话："不知道如何抗拒忧虑的商人不会长寿。"正如穆罕默德的信徒牢记《古兰经》经文一样，我希望诸位将卡雷尔博士的话牢记于心。

做鬼脸的爱因斯坦

第二篇
剖析忧虑

如何分析解决忧虑

在我心中始终有六个忠实的仆人，他们教会了我所知道的一切，即是什么、为什么、什么时候、怎么样、哪里和谁。

——拉迪亚德·吉卜林

我在本书的第一篇第二章，提到的威利斯·卡里尔的万能公式。它真的能解决所有的忧虑问题吗？当然不能了。

那答案是什么呢？答案是我们必须按照以下三个步骤分析问题。

1.了解事实。

2.分析事实。

3.做出决定并实施。

这些足够吗？是的，这是亚里士多德教给我们的妙招。如果我们想解决那些日夜困扰我们，使我们如同生活在地狱里的难题，我们必须依照上述三个步骤采取行动。

首先，我们来看第一条：了解事实。为什么这个步骤如此重要？因为我们只有了解事实，才能理智地解决问题。不了解事实，我们只能身处迷雾之中。这是我的创意吗？不是。这是赫伯特·霍克斯的观点。他生前曾经担任哥伦比亚大学的哥伦比亚学院院长长达22年之久，帮助过20万名学生克服了他们的忧虑。

他告诉我，产生忧虑的主要原因是混乱。他说："世界上大部分忧虑源于在知识不充分的情况下做出决定。比如：如果我在下周二3点前必须解决一个问题，在周二来临之前，我不会做出任何决定。我会集中精神，了解问题的各种事实。我不会因为问题忧虑、焦虑和失眠，只是简单地了解事实。如果我充分了解到事实，周二来临的时候，问题自然而然也就得到解决。"

我问霍克斯院长，这是否意味着他已经彻底远离了忧虑。他回答说："我可以坦诚地告诉你，现在我的生活完全不受忧虑的困扰。如果一个人把时间用于公正、客观地了解事实，智慧的光芒必将驱散忧虑的迷雾。"

我们再次重申这句至理名言："如果一个人把时间用于公正、客观地了解事实，智慧的光芒必将驱散忧虑的迷雾。"但是，大多数人是怎么做的呢？托马斯·爱迪生曾经严肃地说："对于勤思考的人来说，没有什么权宜之计。"如果我们获取事实就像猎犬捕捉小鸟一样，那么，这只会让我们过于关注正在思索的事情，而忽视了其他的事实！我们只会关注有利于我们行为的事实，以及有利于我们偏见的事实。

正如安德烈·莫洛亚所说："凡符合个人需求的，我们都倾

托马斯·爱迪生（1847—1931）：美国发明家、企业家、有史以来最伟大的发明家，迄今为止，没有任何人打破他创造的发明专利数量的世界纪录。

爱迪生在实验室

向于信以为真；但凡不如心意的，我们则易恼羞成怒。"

我们发现，找到难题的答案是如此困难。如果我们认定2+2=5，那岂不是连做简单的算术题都很难？但是，在这个世界上，却有很多这样固执的人，坚持认为2+2=5或2+2=500。

对此我们能做些什么呢？我们必须把感情成分抽出来思考。正如霍克斯院长所说，我们必须用公正客观的方式了解事实。

我们身处忧虑之中的时候，常常情绪亢奋。下面的两个方法有助于我们客观清晰地了解事实。

1．在了解事实的时候，假装为了别人而不是自己收集信息。这样，你可以控制情绪，保持客观冷静的态度。

2．在收集困惑自己的难题的相关事实的时候，你不妨假装成为另外一方的辩护律师。这样，你就得努力面对那些对自己不利、摧毁自己希望的事实。

然后，用笔写下你这边和另外一边的事实，你会发现，真理在两个极端之间闪烁。

这就是我强调的重点。在没有了解事实之前，无论是你还是我，还是爱因斯坦那样睿智的脑袋，甚至美国最高法院集体的智慧，都无法对任何问题做出明智的决定。爱因斯坦对此深有体会：在告别人世之际，他留下了2500本笔记本，上面满满地记录着他面对的难题。

因此，解决难题的首要方法就是了解事实真相。按照霍克斯院长的话去做，以客观的态度收集相关的事实，然后再去尝试解决难题。

但是，即使收集了相关事实，如果我们不对它们进行分析解

《爱因斯坦》｜菲利普·哈尔斯曼｜摄于 1947 年

爱因斯坦（1879—1955）·美籍德国犹太裔理论物理学家·相对论的创立者·现代物理学奠基人·1921 年获诺贝尔物理学奖。

释，结果同样于事无补。依据我个人的经验，如果我们写下所有相关事实，再一一分析，事情就会变得轻而易举。事实上，我们把收集到的事实逐一罗列，已经是相当明智的决定。通用汽车公司研发主管查尔斯·凯特灵说过："讲清楚问题等于解决了一半的问题。"

倘若一个人把我们的谈话绘成一幅图画，则正符合了中国的一句古话：一纸图画胜过千言。下面我来描述它在生活中的妙用。

我认识盖伦·利奇菲尔德已经数年。1942年日军侵略上海的时候，他是远东地区最成功的美国商人之一。他在我家做客的时候，讲述了自己的故事：

"珍珠港事件不久，日军大肆进攻上海。当时，我在上海亚洲人身保险公司担任经理。日军派了一名海军上将，来我们公司做所谓的'军队资产清理人'。他命令我协助他们清算我们自己的资产。我别无选择，只好配合。

"在毫无选择的情况之下，我只好俯首听命。但是，我没把一笔价值75万美元的保险资金交给日军。那笔资金属于香港公司，与上海的资产毫无瓜葛。即使这样，我还是害怕日军察觉。不出所料，他们很快就发现了。

"他们发现这件事情的时候，我不在办公室，但会计主任在场。事后他告诉我，日军上将大发雷霆，咒骂我是盗贼和叛徒。我违背了日军的命令，知道这意味着我可能被抓进宪兵队，遭受严刑拷打。

"宪兵队是日本秘密警察动用刑罚的地方。我有几位朋友宁愿自杀，也不愿被送到那地方；我还有几位朋友，在那里经历了10

天的严刑拷问之后，死于非命。现在等待我的正是那个鬼地方。

"周日下午，当我听到这个消息的时候，心中充满了恐惧。如果我找不到一个有效的解决方法，我会一直身处恐惧之中。多年来我养成了一个习惯：每当忧虑的时候，我习惯用打字机打出两个问题及其答案。

"1. 我在忧虑什么？

"2. 我对此能做些什么？

"一般说来，我只会在心中默想答案。但是，我发现写出答案会令我的思路更加清晰。因此，周日下午，在上海基督教青年会的住处，我用打字机打出来了下列问题：

"1. 我在忧虑什么？

"我害怕明天会被抓进宪兵队。

"然后我又打出了第二个问题。

"2. 我对此能做些什么？

"我用了好几个小时，思考这个问题。我写出4个方案，以及每个方案可能产生的后果。

"1. 我可以尝试给日军上将解释，但是他不懂英语。如果我通过翻译向他解释，可能会再次激怒他。他很残暴，这也许就意味着死亡，或者为了免于我的骚扰，直接把我扔进宪兵队。

"2. 我可以逃跑，但这是不可能完成的任务。他们时刻在监视着我，出入上海基督教青年会必须接受搜查。如果逃跑，我会被抓或直接枪毙。

"3. 我可以待在住处，不去上班。如果我这样做，日军上将会产生怀疑，不给我任何解释的机会直接把我抓进宪兵队。

"4．周一早上正常去上班。如果我这样做，也许上将会因为忙碌忘记了我做的一切，即使他想起来了，也许经过冷静的思考后，决定不再找我。即便他训斥我，我还有机会解释。因此，周一的时候，我应该像什么事情也没有发生一样正常上班。不过，我仍然有两个机会，可以逃避被抓进宪兵队的命运。

"经过冷静的思考后，我决定采用第四种方案——周一早上正常去上班。确定以后，我长长地松了口气。

"翌日早上，我走进办公室，那位海军上将嘴里叼着香烟坐在那儿。他像往常一样瞟了我一眼，并没有说什么。感谢上帝，他在6周后返回了东京，我的噩梦终告结束。

"正如我说过的那样，周日下午我写下了各种方案及其可能产生的后果。这种冷静的决定挽救了我的性命。否则，我可能会一时冲动，或犹豫不决而铸成大错。如果我没有慎重考虑并做出决定，周日下午我一定会紧张慌乱，当晚则会辗转反侧，难以入眠。结果，周一早上我会愁容满面，从而引起日军上将的怀疑，促使他采取行动。

"一次次的经历证实，做出决定至关重要。没有明确的目的，一味地慌乱只会致使你精神崩溃，生不如死。在做出清晰明了的决定之后，你一半的忧虑就会消失，另外40%的忧虑会在实施这个决定时消失。采取以下4个步骤，可以驱除90%的忧虑：

"1．清楚地写下你在忧虑什么。

"2．写下对此你可以做些什么。

"3．你决定做什么。

"4．你立即实施决定。"

美国心理学家威廉·詹姆斯

如今，利奇菲尔德是斯塔、帕克与弗雷曼公司远东地区的董事长。正如前面所提到的，他现在是亚洲商界举足轻重的美国商人之一。他坦诚地说，他的成功主要靠这个方法分析忧虑，并正面出击。

为什么他的方法如此卓有成效？因为这个方法直接针对难题要害。在这4个步骤中，第三步最不可缺少，即认真思考后做些什么。然后我们开始实施，否则前面所做的一切无异于浪费精力。

威廉·詹姆斯说："一旦做出决定，你就要立刻行动，不要顾虑责任和考虑后果（这里的考虑等同于焦虑）。"他的意思显而易见：一旦你基于事实做出了谨慎的决定就要实施，不要再考虑、犹豫、忧虑，也不要再回头去看。

我曾经拜访过俄克拉荷马州成功的石油商人韦特·菲利普斯。他在谈到如何决断的时候，曾经这样说："当我们思考问题超出一定界限的时候，我们就会产生迷茫和忧虑。这个时候，我们的任何思考都会有害而无益。我们需要立刻下定决心，做出决定。"

为什么诸位不采用利奇菲尔德的方法，来消除自己的忧虑呢？

你需要考虑的问题如下：

1．我在忧虑什么？

2．对此我可以做些什么？

3．我准备做些什么？

4．我什么时候开始做？

如何消除工作上一半的忧虑

如果你是一位商人，你可能会暗自思忖："这个章节的标题简直荒唐至极。我在商场打拼了15载，我自然知道消除忧虑的秘诀。现在，一个外人告诉我如何成功减少工作中一半的忧虑，这太荒谬了！"

言之有理。如果几年前我看到这个标题，也会产生同样的想法：标题挺吸引人，其实是废话一箩筐。

我们还是打开窗户说亮话吧。也许我不能帮你减少工作上一半的忧虑，但自助者天助。我们在前文已经阐述过，除了你自己，没有谁可以帮你。但是，我可以把他人成功的经验与你分享。至于你是否相信，那就看你自己了。

这里，我们再次重申亚历克西斯·卡雷尔博士的名言："不知道如何抗拒忧虑的商人不会长寿"。

既然忧虑可能导致如此严重的后果，如果我能帮你减少10%的忧虑，你岂不是也应该满心欢喜？下面我将向诸位讲述一位商业主管的经历。他减少50%的工作忧虑，节省75%的时间，去解决商业问题的经历。

故事的主人公不是某个琼斯先生，也不是俄亥俄州某个我的熟人，而是著名的西蒙与舒斯特出版社的前合伙人兼高层主管利昂·希姆金。这家出版社位于美国纽约洛克菲勒中心20号。希姆金如是说：

"在过去15年里，我几乎每天一半的时间都在开会，讨论应该做些什么，或者什么都不做。我们或坐在椅子上，精神紧张，或走来走去，喋喋不休地争论。夜幕降临的时候，我精疲力竭、疲惫不堪、心力交瘁。我已经这样工作了15年，而且我认为，自己还会一直这样下去。如果有人宣称，我可以减少3/4开会的时间，精神得到放松，我一定会认为，他是痴人说梦。不过，我却想出了一个秘诀，并享用了8年。此法不但提升了我的办事效率，改善了我的健康，还让我拥有了更多的快乐。

"听起来充满了神秘色彩。不过，一旦了解了这个方法的诀窍，你就会发现，其实一切都很简单。

"下面就是我的秘诀。第一，我宣布，立刻停止沿用了15年的开会例程。我们不再让所有的同事提出问题，向我们讨教对策。第二，我制定了新的规则。无论谁想与我讨论问题，他必须先呈递以下4个问题及其答案：

"1．问题是什么？（以前，我们经常在会议上讨论一两个小时，但是谁也不知道具体问题是什么；我们经常焦躁地讨论问题，但是谁也没有写下具体问题。）

"2. 问题的起因是什么？（回顾我的事业，我吃惊地发现，我们浪费了很多的时间和口水，却从来没有试图寻找问题的原因。）

"3.解决问题有什么方法？（过去，如果谁在会议上提出建议，便会有人提出异议。结果闹得会议气氛紧张，离题十万八千里。会议最后没有形成几种成熟的方案。）

"4. 你的方案是什么？（在原来的会议上，我们谈论的议题经常集中在一个方案，以及这个方案可能遇到的障碍上面。我们从来没有考虑过其他的可行方案，并从中推荐一个自己满意的。

"自此，同事们很少来找我解决难题。因为他们发现，在全方位了解情况，回答这4个问题的时候，最佳的方案就会像烤面包片机中的面包一样突然蹦出来。即使有些问题必须讨论，由于讨论的过程变得有条有理，我们只需用原来1/3的时间便能得到明确的答案。）

"在西蒙与舒斯特出版社，我们消耗在那些盲目事情上的时间越来越少，而是把更多的时间投入办理正确的事情。"

我的朋友富兰克林·贝特吉尔，是美国保险行业巨头之一。他曾经用类似的方法消除了工作上的忧虑，使收益翻了一番。

富兰克林·贝特吉尔说："多年以前，我刚开始做保险业务的时候，对它充满了激情，并且喜爱这项工作。但是，后来发生的一些事情让我倍受打击。我开始鄙视它，并且想放弃这份工作。如果周六早上我没有坐下来，冷静地思考工作上产生的忧虑，我想我一定会辞职的。

"1.我首先问自己，问题是什么？我的问题在于我很努力地拜访客户，但回报却不尽如人意。每次商谈都很顺利，但最后签约时客户却犹豫不决。他们会说：'贝特吉尔先生，我们考虑一下。你下次来好了。'于是，我只得再次电话联络，结果心情很不愉快。

"2.我扪心自问，可有好的解决办法？要想得到答案，我必须了解相关情况。为此我翻出了一年的工作记录，发现了一个显而易见却令人震惊的事实：我70%的业务一次面谈成功，23%的业务二次面谈成功，只有7%的业务是在第三次，甚至是第四次或第五次才得以成功。换句话说，我把一半以上的时间浪费在了那7%的走访上面。

"3.答案是什么？答案很明显。我立刻放弃了需要多次拜访的客户，而是把这些时间用于开拓新的业务。结果令人难以置信，短短一段时间内，我的业绩飞速增长。"

正如我所说，富兰克林·贝特吉尔成了美国最杰出的人寿保险推销员之一。他在费城互助诚信保险公司，创造了一年成交100万美元的业绩。但是，他最初却差点放弃，承认失败。他对问题进行的分析成就了他的辉煌。

你能把此法运用到工作中去吗？只要你灵活运用，它可以减少你工作上一半的忧虑。

我们重复一下诀窍的要点：

1. 问题是什么？

2. 问题的成因是什么？

3. 解决问题有哪些可行之法？

4. 你的最佳方案又是什么？

莎士比亚像

第三篇
莫因忧虑而崩溃

如何消除忧虑

我永远不会忘记几年前的一个夜晚。在我创办的成人教育班里，有一位名叫马利安·道格拉斯的学生。他向我讲述了他的故事（因为私人原因，在此我没有用他的真实姓名）。他的家庭曾经遭受巨大不幸，真可谓祸不单行。第一次不幸是他钟爱的5岁女儿丢失，他和妻子勉强承受这个打击。10个月之后，上帝又赐予了他们另外一个女儿，但她在出生5天之后，不幸夭折。

连续不断的丧亲之痛让他濒临崩溃的边缘。这位父亲告诉我们："我无法承受命运的致命一击。那时，我夜不能寐，饭菜无法下咽，神经极度紧张，而且绝望至极。"最后他不得不去看医生。一位医生向他推荐安眠药，另一位医生建议他旅行放松。

他试了两种方法，均无效而终。他说："我的整个身体像被钳子夹着一样越来越紧。"如果你曾因悲伤而无法自拔，你就会对此深有体会。

"感谢上帝，我还有一个4岁的儿子。他让我找到了解决问题的办法。一天下午，我又在独自悲伤，他却让我给他做一艘帆船。我根本没有心情做船，其实我没有心情做任何事情。但是我的儿子是个执拗的小家伙，非缠着我做一艘帆船不可。

"做一艘帆船花费了3个小时。这时我才意识到，在这3个小

《新婚的丘吉尔》 | 摄于 1908 年

温斯顿·丘吉尔（1874—1965），英国政治家、画家、演说家、作家，1953 年诺贝尔文学奖得主（获奖作品《第二次世界大战回忆录》）。曾于 1940—1945 年及 1951—1955 年期间两度任英国首相，是 20 世纪最重要的政治领袖之一。

《愤怒的丘吉尔》┃尤素福·卡什┃摄于 1941 年

时中，我的内心得到了几个月来第一次真正的放松和平静。我认识到，当一个人忙于筹划一件事情的时候，他根本无法忧虑。我就是一个例子，所以我决定忙碌起来。

"次日夜幕降临的时候，我从一个房间走到另一个房间，列举了一个工作清单。我有太多的物什需要修理，比如书架、楼梯、风扇、窗架、门把、锁头、水龙头……令人吃惊的是，我在接下来的两周里，竟然列举了242件需要做的事情。

"在两年的时间里，我完成了大部分事情。除此之外，我的生活充满了各种有创意的活动。我每周两晚参加纽约的成人学习班，出席家乡小镇的市民活动。现在我是校董事会主席。我还参加各种各样的聚会，帮助红十字会和其他机构募捐。我很忙碌，根本没有时间忧虑。"

没有时间忧虑，这是英国首相温斯顿·丘吉尔在二战中说的话。当时，他一天工作18个小时，人们问他是否为自己的巨大责任忧虑时，他答道："我很忙，没有时间忧虑。"

这和查尔斯·凯特灵发明汽车自动点火器的情况一模一样。凯特灵是通用公司的副总裁，负责管理闻名世界的通用汽车研究实验室。在穷困潦倒的时候，他曾把仓库顶层阁楼作为实验室，依靠妻子教授钢琴课的1500美元维持生计。后来，他甚至不得不借500美元支付人寿保险。对此，他的妻子时刻都在忧虑，晚上无法入睡。但凯特灵先生非常专注于自己的工作，根本没有时间忧虑。

著名的科学家巴斯德曾经说过："图书馆和实验室让人心灵平静，为什么呢？因为人们在图书馆和实验室专注于他们的工作，常常忘记自我。研究人员很少会精神崩溃，因为他们没有时间享受奢侈的忧虑。"

为什么如此简单的事情却能驱散忧虑？这是因为心理学上有一条最基本的原理，即无论一个人多么聪明，不可能在同一时间思考两件或两件以上的事情。你不相信？那我们不妨做一个实验。假设你坐在椅子上，在闭目想象自由女神像的同时，计划明天早上要做的事情。

你会发现，除非轮流思考，你很难把思绪集中到两件事情上面。情感也是如此，我们不可能在内心充满激情的时候，又忧心忡忡。一种情感占据上风，另一种情感就会退而其次。这个发现如此简单，却让军队心理治疗专家在二战创下了奇迹。

刚下战场的人最容易患上"心理上的精神衰弱"。军医开的处方就是保持他们忙碌，让这些精神紧张的人每一分钟都在运动，尤其是户外运动，比如钓鱼、打猎、打球、高尔夫、摄影、种花和跳舞。这样，他们就没有空暇沉浸在可怕的回忆之中。

"工作疗法"是近代心理学的一个术语，但是却来由已久。早在公元前500年，希腊心理学家已经使用这种疗法了。

在富兰克林时代，费城教友会已经在使用此法。1774年，一个人去参观教友会疗养院。他惊奇地看到，精神病患者在忙于纺纱。他觉得这些可怜的人受到了虐待。直到听了教会的解释，他才明白，工作对神经有镇定作用，患者工作有助于病情的好转。

任何心理治疗师都会告诉你，工作（保持忙碌）是治疗神经疾病的最好麻醉剂。年轻的妻子因烧伤逝世后，诗人亨利·朗费罗一直悲伤得难以自拔，几乎崩溃。那天，他的妻子在点燃蜡烛时不小心燃着了衣服。朗费罗听到尖叫，赶去帮忙，可是一切已

美国诗人朗费罗

《英国诗人丁尼生肖像》┃塞缪尔·劳伦斯

经无法挽回。有段时间，朗费罗深受此事折磨，几乎发疯。幸运的是，他还有3个年幼的孩子需要照顾。尽管他很悲伤，但他必须充当双重角色照顾孩子。他带着孩子散步，给他们讲故事，做游戏。他不朽的诗集《孩子们的时光》就是据此而作，他还翻译了但丁的《神曲》。这些职责让他忙碌，完全忘记了自我，并重拾内心的平静。英国诗人丁尼生失去好友亚瑟·哈勒姆的时候，曾经这样说："我一定要让自己沉浸在工作中，否则，我会因苦恼而绝望。"

当我们全神贯注于工作，忧虑便无缝可入，但是当我们无所事事，忧虑的恶魔便开始向我们发动进攻。此时，我们开始疑惑：生活中我们有哪些成就？我们今天是否进入了工作状态？今天老板的那句话是否有言外之意？我们头发是否快掉光了……

闲置的头脑常常出现真空状态。自然界没有真空状态，这是物理学常识。就像一个炽热的灯泡，只要打破一个口，空气就会充满灯泡。人的头脑也一样，一旦闲暇，忧虑、恐惧、憎恨、妒忌和羡慕等情绪就会涌入。它们的力量巨大，完全能够把平静、快乐的情绪给排挤一空。

哥伦比亚大学教育学院的詹姆斯·默塞尔教授对此深有体会。他说："忧虑最伤人的时候不是在你忙碌之时，而是在你无所事事之时。这时，你的情绪无法控制，一些芝麻绿豆的小事就会变成天大的事情。你的情绪就像空载的车子一样横冲直撞，直到把自己撞成碎片。消除忧虑的最好方法就是忙于做一些积极有益的事情。"

这个道理并非只有成为教授才能体会，才能灵活运用。一战期间，我遇到了一位芝加哥的家庭主妇。她告诉我，自己如何发现了解除忧虑的最好办法。当时，我从纽约乘火车去密苏里州的农场，在餐车上遇到了这位妇女和她的丈夫。

在日军轰炸珍珠港后的第二天，这对夫妇唯一的儿子参军入伍。于是，那位夫人开始整日担心儿子的生命安全，忧虑几乎损害了她的健康。

我对她如何克服忧虑充满了好奇。她说，答案是让自己忙碌起来。首先，她辞退了佣人，开始自己亲手做家务，但是收效甚微——机械性的家务活根本不需要动用脑子。在整理床铺和洗碗的时候，她仍在忧虑。她意识到，自己必须寻找一份能使全身心都在忙碌的工作。因此，她做了一家百货公司的营业员。她发现，当顾客围着她询问价钱、尺码、颜色的时候，她要尽心尽责，根本无暇忧虑。晚上她回到家，唯一想做的就是放松一下双脚。吃过饭后，她上床睡觉，立刻就能进入梦乡，根本没时间和精力忧虑。

约翰·考珀·波伊斯在《忘记不快的艺术》中写道：舒适的安全感，内心的平静，因快乐产生的迟钝感，以及沉浸在分派的工作中能舒缓人们的紧张。

对于奥莎·约翰逊来说，这是一件多么幸运的事啊！她是世界杰出的女探险家。最近她向我讲述，她是如何摆脱忧虑和悲伤重新站起来的。《嫁给冒险》一书记录了她的人生故事。真的有人嫁给了冒险？的确如此。16岁的时候，她做了马丁·约翰逊的新娘。25年来，这对堪萨斯州夫妇到世界各地进行生态旅游，把亚洲和欧洲正在濒临灭绝的野生动物的状况拍摄成了影片。9年前

达尔文

查尔斯·达尔文（1809—1882），英国生物学家，进化论的奠基人。曾乘贝格尔号舰作历时 5 年的环球航行，对动植物和地质结构等进行了大量的考察和研究，后来出版了划时代的巨著《物种起源》。

他们回到美国，每到一处就会放映他们拍摄的影片。不幸的是，在他们驾驶飞机飞往西海岸的时候，飞机与山体相撞，马丁当场死亡，奥莎也被医生诊断为此后只能与床为伴。3个月后，令人意想不到的是，奥萨开始坐在轮椅上发表演讲，听众多达100多人。我问她为什么这样做，她回答说："我这样做，就没有时间忧伤和忧虑了。"

海军上将伯德曾经在冰雪皑皑的南极小屋独居5个月。他发现了同样的真理，并有了刻骨铭心的体验。在南极独居的5个月中，方圆百里没有任何生物生存。冰天雪地之中，他甚至能听到自己呼吸结冰的声音。在《独居》一书中，他详细描述了那段艰难生活。由于昼夜不分，他必须使自己忙碌起来，以保持神志清醒。

他在书中写道："每晚熄灯之前，我养成了计划第二天工作的习惯。我按时间分配工作，一个小时检查逃生用的隧道，半个小时挖坑，一个小时加固燃料桶，一个小时改造书架，两个小时修理破损的雪橇。

"这样分配时间大有益处，自我主宰的感觉会油然而生。否则，生活就会没有目标，而没有目标的生活最终会瓦解。"

我们应该注意这一句话："没有目标的生活最终会瓦解"。

如果我们处于忧虑之中，我们应该谨记，工作是治疗忧虑的最好良药。此话出自原哈佛大学临床医学教授理查德·卡伯特，当属权威。他在《生活的条件》一书中写道："作为医生，我很高兴看到，工作治愈了由于猜疑、犹豫以及踌躇而产生的病症。工作带来的勇气像爱默生提倡的自力更生一样辉煌。如果我们没有忙忙碌碌，而是整天无所事事，那么，查尔斯·达尔文先生所

讽刺达尔文的漫画

达尔文的进化论在问世之初饱受围攻。在这幅作于150多年以前的漫画中，达尔文被画成了猴子。

说的胡思乱想就会出现。它们像传说中的小妖精一样，扰乱我们的思想，瓦解我们的意志。"

我认识纽约一位企业家，他用忙碌的工作击败了"胡思乱想"。他就是办公室位于华尔街40号的特雷坡·朗曼，曾是成人教育班的一名学生。他战胜忧虑的经历非常有趣，给我留下了深刻的印象。在一次吃宵夜时，我们谈到了他的经历。经过如下：

"18年前，我因忧虑而深受失眠的折磨。当时我神经紧张，易怒，焦虑不堪，觉得自己濒临精神崩溃的边缘。

"我当时是纽约西大街418号皇冠水果制品公司的财务主管。我们在罐装草莓上投资了50万美元的成本。20年来，我们一直将包装好的草莓供应给冰激凌制造商。突然间，一些大的冰激凌厂，比如国家奶制品公司，停止了我们的供给。为了增加产量和节约资金及时间，他们开始购买桶装草莓。

"我们面临困境：我们不但要销售出价值50万美元的罐装草莓，而且根据另外一份合同，我们第二年还必须购进价值100万美元的草莓。我们已从银行借贷了35万美元，现在，公司既无法还贷，又无法筹到新的资金。毫无疑问，我因此而忧心忡忡。

"我匆忙赶去位于加利福尼亚州沃森维尔的工厂，试图说服总裁相信市场的变化，我们正面临着灭顶之灾。他不但不相信，反而斥责我们纽约办公室，尤其是那些可怜的推销员。

"经过几天的努力，我最终劝服他，公司不再包装罐装草莓，新产品也可以在旧金山的新鲜草莓市场上销售。问题得到解决，我理应不再忧虑。但是，忧虑已经成了习惯。

"返回纽约之后，我开始忧虑每件事情：意大利进口的樱

1932 年的萧伯纳

桃，夏威夷购进的凤梨，等等。我紧张易怒，深夜不能入眠。正如前面所说，我处在精神崩溃的边缘。

"绝望之中，我采用了一种新的生活方式，治疗我的失眠症和忧虑。我尽量使自己忙碌，忙碌到没有时间去忧虑。以前我每天工作7个小时，现在我开始一天工作15或16个小时。我每天8点上班，一直待到晚上，甚至深夜，来完成自己增加的新任务和责任。回到家里，我疲惫不堪，立刻就能进入梦乡。

"这样的生活一直维持了3个月，我才克服了忧虑的习惯，开始回归到正常的生活，一天工作七八个小时。此事发生在18年前，从那以后，我再也没有失眠和忧虑过。"

作家乔治·萧伯纳说过："让人愁苦的关键在于你有空闲思索自己是否幸福。"忙碌起来，不要纠结这个问题，你的血液会因此更加欢快地奔腾，思想也会更加活跃，心中的忧虑就会烟消云散。忙碌起来吧，这是世界上最廉价而且效果最好的治疗忧虑的药方。

养成在忧虑干扰你之前打破它的习惯，秘诀之一就是：

忙碌。忧虑的人要使自己忙于工作，否则会在绝望中挣扎。

莫因琐事烦恼

下面是一个颇有戏剧性的故事，令人终生难忘。故事的主人公是新泽西州高地大街14号的罗伯特·穆尔。

"1945年3月，我在中国南海海域276英尺深的海下学到了人生中最重要的一课。我是登上"巴亚318号"潜水艇的88名成员之一。我们在雷达上发现，一支日军舰队正驶向我们。这支舰队由一艘驱逐护航舰、一艘油轮和一艘布雷舰组成。黎明时分，我们潜入水中发动了进攻。

"我们向驱逐舰发射了3枚鱼雷，但是，鱼雷出了状况，都没有命中目标。驱逐舰并没有发觉受到袭击，仍然在全速前进。我们准备攻击最后面的布雷舰，这时，它突然掉头驶向我们（一架日本飞机发现了水下60英尺的我们，用无线电通知了布雷舰）。为了避免被侦查和被深水炸弹击中，我们把潜水艇下沉到了150英尺深，并在舱口设置了特制插销，关闭了整个冷却系统和发电机。

"3分钟后，一阵巨响和振动，6颗深水炸弹在周围爆炸，我们的潜水艇被压制在276英尺的海底。我们十分恐慌，在不足1000英尺的水下受到攻击非常危险，在不足500英尺的距离受到攻击是致命的，而我们却在不足250英尺距离的水下受到了攻击，根本没有安全可言。日军布雷舰连续投射了15个小时的深水炸弹。

"如果深水炸弹在潜艇17英尺周围爆炸,炸弹的巨大威力可以在潜艇上炸出一个大洞。大量的深水炸弹在距我们50英尺的周边爆炸,我们奉命躺在自己的床铺上,保持冷静。我吓得几乎无法呼吸,只是一遍遍对自己说:'这次死定了……这次死定了……'因为风扇和制冷系统关闭的缘故,舱内的温度上升到了华氏100度,但是,我却一直在打冷战。我穿上毛衣和皮夹克,却还直打冷战,牙齿咯咯作响。在轰炸了15个小时后,布雷舰因耗尽深水炸弹,最终离去。那15个小时仿佛是漫长的1500万年。当时,昔日的一切在眼前闪现。

"我生平做过的坏事,以及耿耿于怀的愚蠢琐事历历在目。参加海军之前,我是一名银行职员。我经历过各种忧虑:工作辛苦,薪水低,工作没前途,无钱购买房子和汽车,无法给妻子买漂亮的衣服,总是抱怨和责骂的老板……我还记得,晚上回到家,自己如何因为小事与妻子发生争执。车祸在我的前额留下一块丑陋的疤痕,我曾经为此发愁。

"多年前,这些小事令人苦恼。现在,相比我们的潜水艇受到深水炸弹的轰炸,这些事情显得荒唐可笑。我对天发誓,如果能够重见天日,我将永远不再忧虑。在那恐惧的15个小时里,我学到的东西比在雪城大学4年的收获还要多。"

在面对生活中巨大灾难的时候,我们常常表现出不俗的勇气。但是,我们面对琐事却经常垂头丧气。这与哈里·凡恩爵士在伦敦被斩首的情景如出一辙。塞缪尔·佩皮斯在《日记》中记述了当时的场景:哈里爵士被押上刑台。这时,他并没有乞求活命,而是要求刽子手不要在他颈上留下疤痕。

被日军深水炸弹击中的美国"富兰克林"号航空母舰｜摄于 1945 年 5 月 17 日

这也是伯德上将在暗无天日、极其寒冷的极地生活中的另外一个发现。他的手下在危险的任务面前毫无怨言，但在小事上却小题大做。伯德上将说："我知道有人乱丢东西，占用了别人的空间，结果发生争吵；有一个讲究养生的人，每口食物至少咀嚼28下才能下咽；而另一个人必须在看不到此人的地方才能吃得下东西。在极地生活，极小的琐事却能使训练有素的人处在精神错乱的边缘。"

伯德上将，也许你应该补充一句："婚姻上的琐事使人处于精神错乱的边缘，导致世上一半人痛心不已。"

起码这是专家所言。芝加哥的约瑟夫·萨巴思法官曾经判决过4万桩不幸的婚姻。他说："绝大多数婚姻破裂的导火线是细微的琐事。"纽约县前任辖区律师弗兰克·霍根说："刑事法庭一半案件的起因是酒吧逞强、家庭争吵、言语诋毁、粗鲁行为等，这些小事导致了殴打和谋杀。很少有人生性残忍和邪恶，是我们的自尊心、一丁点儿的虚荣心导致了世上一半人的心痛。"

刚刚走进婚姻殿堂的时候，埃莉诺·罗斯福整日因厨师差劲的手艺而忧虑。罗斯福夫人说："但是，如果事情发生在现在，我定会耸耸肩膀，一笑而过。"即便贵为俄国女皇叶卡捷琳娜二世，在面对一桌糟糕的饭菜时，通常也是一笑置之。

一次，记得我和妻子在芝加哥一位朋友家吃晚饭。分菜的时候，男主人出了差错。当时我并没有注意到，即使注意到了也不会在意。但是，他的妻子看到之后，当着我们的面暴躁如雷地嚷道："约翰，看看你做了些什么！难道你连分菜都不会吗？"

然后，她又向我们抱怨："他总是做错事，做什么都是三心

叶卡捷琳娜二世

本图是俄国女皇叶卡捷琳娜二世与丈夫彼得三世的画像。

本图是讽刺叶卡捷琳娜二世的法国漫画。

《皇帝的一剑之地》┃作于 1792 年

二意。"也许他并不上心，但我却对他与这样的伴侣生活了20年而佩服得五体投地。坦率地说，我宁愿在安静的气氛下吃一两个涂了芥末的热狗，也不愿一边听她的训斥一边吃熊掌鱼翅。

不久前还发生了一件事情。我和妻子在家招待一些朋友，但是客人到达之前，妻子发现有三条餐巾和桌布不搭配。事后妻子告诉我："我马上冲进厨房，发现另外三条餐巾被送到了洗衣店。客人已经到门口了，根本没有时间更换。我急得快要哭了，唯一的想法就是：我怎么会犯这样愚蠢的错误，破坏了这个美好的夜晚呢？后来我转念一想，为什么我有这样的念头呢？我决定置之不理，好好享受这顿晚餐。我宁愿让客人认为我是一位粗心的主妇，也不愿成为一位神经、坏脾气的主妇。感到欣慰的是，没有一位客人注意到餐巾。"

"法律不关注私人的琐事"，这是一条著名的法律格言。如果一位忧虑患者想得到内心的平静，也应该如此。

多数情况下，如果你想抵消琐事引起的苦恼，一个妙招就是转换重点，从一个愉快的角度看待忧虑。我的一位作家朋友——《巴黎之旅》的作者霍默·克洛伊讲述了他的奇妙经历。他在纽约的公寓创作的时候，差点被房间里暖气片格格作响的声音给逼疯。当时他坐在书桌前，被气得像暖气片一样嘶嘶作响。

克洛伊说："后来我和朋友一块儿远足。我们坐在篝火前，听着树枝噼里啪啦燃烧的声音。这时，我突然想到：这和公寓里暖气片的响声一模一样，为什么我喜欢这个却讨厌那个呢？回来之后，我对自己说：树枝燃烧的声音很悦耳，暖气片的声音也应该如此。我无须理会这些声音，只管睡觉。如此行事之后，刚开始我还会无意识地关注响声，后来就彻底忘记了。

"许多小事就是这样。因为不喜欢，我们焦虑，并且将它们夸大。"

迪斯雷利伯爵说："生命如此短暂，为何要在意那些让我们不快的小事呢？"安德烈·莫洛亚在《本周》杂志上说："这番话帮助我度过了很多难熬的时光。人生在世短短数十载，我们却常常为一些本应该忘却的小事而沮丧。我们每年浪费很多时间，抱怨一些不值一提的小事，而这些时间却无法弥补。让我们把时间投入到有价值的行动和感觉、伟大的思想和真正美好的感情上吧。生命太短暂，我们不应该为琐事而烦恼。"

即使声誉卓著的拉迪亚德·吉卜林也曾多次忘记，"生命太短暂，我们不应该为琐事烦恼"。结果呢？他和他的小舅子打了一场佛蒙特州有史以来最出名的官司。《拉迪亚德·吉卜林的佛蒙特世仇》记录了这一脍炙人口的事件。

故事的经过是这样的：吉卜林娶了一位名叫卡罗琳·巴莱斯蒂尔的佛蒙特女子为妻，并在布拉特尔伯勒建了一座漂亮的房子，希望在此度过一生。他和小舅子比蒂·巴莱斯蒂尔成了最好的朋友，常在一起共事和娱乐。

后来，吉卜林从巴莱斯蒂尔手里购进了一块地皮，并允许巴莱斯蒂尔每季在此割草。有一天，巴莱斯蒂尔发现，那块草地上建起了一座花园。他大发雷霆，而吉卜林也不甘示弱。他们两人之间充满了火药味，争吵一触即发。

几天后，吉卜林在路上骑自行车，驾驶马车经过的小舅子故意把他撞倒。这位曾经写过"众人皆醉，你应独醒"的吉卜林失去了理智，一纸诉状把小舅子告了，从而拉开了一场轰动一时的审判的序幕。各大城市的记者纷纷涌入小镇，新闻迅速传遍了世界。毫无疑问，最终的结果是，吉卜林偕妻子永远离开美国。可是，这件事情的起因却是一车干草。

希腊政治家伯里克利在公元前4世纪说过："站起来，我们被琐事困扰太久了。"事实的确如此！

哈利·爱默生·福斯迪克曾经讲述过一则意味深长的故事，一则关于甲壳虫和森林里的大树的故事。

在科罗拉多州长山的山腰上残留着一棵大树的残躯。自然学家推算，这棵树的年龄为400岁。当哥伦布在圣萨尔瓦多登陆的时候，它还只是一粒种子。清教徒在普利茅斯定居的时候，它仅是一棵小树。在漫长的岁月中，它14次被闪电击中，经历了无数次的雪崩。长达4个世纪的暴风雨的袭击，它仍然傲立于天地之间。但是，它最后却被一队甲壳虫放倒在地。甲壳虫钻进了树的根部，不断地向里面进攻，咬伤了树的根基。甲壳虫力量虽小，但持续不断的攻击最终攻克了大树。狂风暴雨不曾震撼大树的根基，闪电不曾把它劈倒，但在可以被人轻轻用食指和拇指捏死的甲壳虫的攻击下，却永远地倒下了。

我们就像那棵饱经沧桑的大树，面对生命中的无数次狂风暴雨都挺过来了，不料却让甲壳虫一样的忧虑不断地吞噬着我们的心。

几年前，我曾经参观了约翰·洛克菲勒在怀俄明州大提顿国家公园的庄园。同行的有怀俄明州公路局局长查尔斯·塞弗雷

伯里克利雕像

德，以及他的几位朋友。我在路上拐错了一个弯，所以，我到达庄园入口处的时候，比他们晚了一个小时。赛弗雷德先生在又闷又热、蚊子极多的森林等候我们。众多蚊子足以让圣人发疯，但它们却被赛弗雷德先生击败。他在等候我们的时候，用大齿杨的树枝做了一个哨子。我们抵达的时候，他在诅咒蚊子吗？没有，他在吹哨子。我保留了那个哨子，便于日后纪念这位不为小事烦恼的友人。

养成在忧虑干扰你之前打破它的习惯，秘诀之二是：

不要为一些应该抛弃和忘记的琐事而烦恼。

谨记：**生命很短暂。**

消除多数忧虑的法则

我从小在密苏里州的农场长大。一天，我在帮妈妈除去樱桃核的时候开始哭泣。妈妈问："戴尔，你哭什么？"我哭诉道："我害怕会被活埋。"

在那些日子，我心里充满了忧虑。暴风雨来临的时候，我害怕被闪电击中；生活艰难的时候，我害怕没有足够的食物填饱肚子；我害怕死后会进入地狱；我害怕一个叫萨姆·怀特的大男孩会割掉我的耳朵（他曾这样威胁过我）；我担心脱帽向女孩子致敬的时候，她们会嘲笑我；我担心没有女孩子愿意嫁给我；我担心与妻子结婚后应首先说些什么；我想象着我们在乡下教堂举行仪式后，驾着顶上装饰着流苏的马车返回农场……我能走在耕犁后面，沉迷于这些"惊天动地"的问题几个小时。

时间飞逝，我逐渐发现，自己担心的事有99%从未发生过。

比如，正如前面所提到的，我害怕被闪电击中。但是依据国家安全理事会的记录，我在一年中被闪电击中的几率仅仅是1/350000。

我担心被活埋这个想法更为荒唐。我甚至为此哭泣，却没有想过，一个人被活埋的几率是千万分之一。

每八个人中会有一个人死于癌症。如果我想担心点什么，与其担心被闪电击中或活埋，倒不如担心死于癌症。

正如青少年一样，我们成年人的许多忧虑也很荒唐。运用平均律法则，我们可以消除9/10的忧虑。这是消除忧虑的灵丹妙药。

世界著名的伦敦劳埃德保险公司，正是因为担保发生概率极低的烦心事赚取了巨额资产。劳埃德公司其实就是和人们打赌，只不过他们不称之为赌博，而是美其名为保险。实质上，这是建立在平均律法则基础上的赌博。这家公司已经经营了长达200年之久。如果人的本性不发生变化，它仍可以为鞋子、船只、封口蜡等物品做保险，并继续存活5000年。依据平均律法则，这些物品的损失并非像人们想象的那样经常发生。

如果我们对平均律法则进行分析，就会得到令人跌破眼镜的事实。比如，未来5年里，如果我会参加像葛底茨堡那样惨烈的战争，我定会恐惧，考虑买人寿保险，写好遗嘱，并安排好所有后事。我会悲观地说："我可能熬不过这场战争。所以，我还是尽量好好享受剩下的几年时光吧。"但是，依据平均律法则，人在和平时期活到50～55岁与参加葛底茨堡战役一样，危险重重。我想说的是，在和平时期，人在50～55岁时去世的几率为千分之一；在参加葛底茨堡战争的163000名士兵中，战死的几率也是千分之一。

　　一年夏天，我在加拿大落基山区湖畔的小屋撰写此书，偶遇了家住旧金山太平洋街2298号的赫伯特·塞林格夫妇。塞林格夫人看上去自信安详，给我的印象是她不曾忧虑过。一天晚上，在温暖的壁炉前，我问她是否受到过忧虑的困扰。夫人说："在没有克服忧虑以前，我仿佛在地狱中生活了11年，生活差点被毁。我那时肝火旺盛，生活在极度的紧张中。每周我必须去旧金山购物，但在购物的时候，我常常抑制不住地胡思乱想——电熨斗可能还在熨衣板上，家中可能着火了，佣人可能弃孩子不顾走了，孩子可能从自行车上掉下来被车撞了。在购物的过程中，我常常被这些念头折磨得心惊肉跳。我经常中途驾车返回，看看这些事情是否已经发生。在这样的状况下，我的婚姻结束了。

　　"我的第二任丈夫是一位冷静、善于分析的律师，他从未忧虑过任何事情。当我紧张焦虑时，他会对我说：'放松，让我看看，你在忧虑什么？让我们用平均律法则分析一下，事情是否会发生？'

　　"有一次，记得我们驾车从新墨西哥州阿尔布珂克去卡尔斯贝洞窟国家公园。我们遇到了一场暴风雨，道路非常泥泞，车子有点失控，一直在打滑。我担心，一不小心车子就会冲到路边的深沟里。我的丈夫却一直对我说：'我开得很慢，不会发生可怕的事情。即使汽车滑进了沟里，依据平均律法则，我们也不可能会受伤。'他的镇定自若使我放下了悬着的一颗心。

　　"一年夏天，我们在加拿大落基山露营。当晚我们扎营在7000英尺的山上，也是突遇了暴风雨，帐篷差点被撕成碎片。帐篷在风中呼呼作响，我不停地担心帐篷可能会被吹到天上。我很害怕，我丈夫却说：'亲爱的，最好的向导与我们同行。他们经验丰富，曾在此地宿营60年，没发生过一次帐篷被吹到天上的事情。按照平均律法则，今晚帐篷也不会被刮飞。事情万一发生了，我们可以去别的帐篷睡，所以放轻松……'我照他说的做了，睡得很香甜。

"几年前，一种小儿麻痹症在我们居住的加利福尼亚州蔓延。那段时间我极度心烦，我丈夫劝我冷静，尽可能地采取防御措施，让孩子远离人群、学校和电影院。咨询了健康局之后，我们发现，即便在最严重的加利福尼亚州，也只有1835名儿童受到了感染，我们周围也只有200～300名儿童受到感染。正如数据显示的一样，一名儿童被感染上的概率微乎其微。

"'通过平均律法则分析，它不会发生。'这句话帮助消除了我90%的忧虑。过去20年里，我一直生活得平静而快乐。"

美国历史上最伟大的印第安斗士乔治·克鲁克将军在自传中写道："几乎所有的忧虑和不快都不是来自现实，而是人们的想象。"

回首过去几十年，我发现自己大部分的忧虑源于想象。吉姆·格兰特在纽约富兰克林街204号经营批发公司。他告诉了我他的经历。他每次会从佛罗里达订购10或15车厢的柑橘和西柚，但一些怪念头却挥之不去，比如：万一货车出事故了怎么办？万一车厢翻了，水果散落一地怎么办？万一货车过桥时，桥塌了怎么办？他当然买了保险，但仍然害怕水果不能及时运达而错失市场。他因忧虑过度患上了胃溃疡，不得不去看医生。医生告诉他，除了精神紧张之外，他很健康。他说："这时，我才恍然大

乔治·克鲁克将军

悟。我暗自思忖："货车出过几次事故？答案可能是5次，25000次中有5次，你知道这意味着什么吗？比率为1/5000。这也就是说，货车出事故的概率很低。那么，你有什么好忧虑的呢？'

"然后我又对自己说，也许桥会塌，但是桥梁坍塌导致货车出过几次事故呢？答案是一次也没有。最后我对自己说，你简直是一个傻瓜，为没发生过的桥梁坍塌和几率为1/5000的翻车事件担心，还使自己患上了胃溃疡。"

吉姆·格兰特告诉我："当我这样思考之后，发觉自己很愚蠢。自那以后，我用平均律法则对付我的忧虑，再也没有受到胃溃疡的折磨。"

艾·史密斯曾经担任纽约州长。面对政敌的抨击，他的回答是："让我看看记录……让我看看记录……"然后他会给出事实。如果下次我们为可能发生的事情忧虑，不妨冷静地思考，我们的忧虑有没有根据。

弗雷德里克·马尔斯泰特害怕自己会死在散兵坑里。于是，他采用此法消除了忧虑。下面是他在纽约成人教育班的讲述：

"1944年6月初，我埋伏在奥马哈海滩的一个长方形土坑里。看到这个小坑的时候，我对自己说：'这看起来像座坟墓。'我躺在里面，感觉就是坟墓。于是，我会情不自禁地说：'这也许就是我的坟墓。'晚上11时，德军轰炸机开始往下投弹，我吓得浑身颤抖。前三个晚上，我一直吓得睡不着觉。到了第四个和第五个晚上，我差点崩溃。如果不再做些什么，我最终会发疯的。我提醒自己，我已经安然度过五个晚上；我仍然活着，其他人也活着，只是有两个人受伤而已。他们不是被德军所伤，而是被我

布那海滩的战争惨象

方高射炮碎片误伤。我决定做些有意义的事情，抵御忧虑。我在散兵坑的上方搭建了一个厚厚的木头顶板，以防被炸弹碎片伤到。我告诫自己，除非被炮弹直接击中，我才会死在这个土坑里。但是，炮弹命中土坑的几率为千分之一。这样考虑了几个晚上之后，我冷静了下来，即使炸弹袭击，我仍可以安然入睡。

美国海军用平均律数据鼓舞士兵的士气。克莱德·马斯为前美国海军战士，家住明尼苏达州圣保罗马尔那特街1969号。他告诉我，当他和同伴得知被派到了一艘油轮上工作的时候，他们充满了忧虑。他们深知，如果油轮被鱼雷击中，他们只有死路一条。

但美国海军不这么认为，海军向他们展示了一些具体数字，用以消除他们的疑虑。60%的油轮被鱼雷击中后并没有沉入海底，在其余40%的油轮中，只有5%的船在不到5分钟的时间里沉入了海底。这也就意味着，大家有足够的时间逃生，而且伤亡率极小。这对士气有帮助吗？克莱斯·马斯给出的答案是："平均律的知识驱除了我们的忧虑，所有的船员都感到好多了。我们知道有时间逃生，而不是死路一条。"

养成在忧虑干扰你之前打破它的习惯，秘诀之三是：

分析以前的记录，并扪心自问：基于平均律，你所担心忧虑的事情发生的概率有多大？

接受铁一般的事实

小时候，我和几个玩伴在密苏里西北的一座废弃的旧木屋阁楼里玩耍。当时，我爬到阁楼的外面，双脚站在窗沿上往下跳。我左手的食指戴了一枚戒指，跳下的时候，戒指挂到了钉子上，硬生生地把食指扯断了。

当时我恐惧得尖叫不止，认定自己必死无疑。但是，伤口愈合后，我却再也没有为此忧虑过。这意味着什么呢？……我接受了这个已经发生的事实，现在对于左手有四个手指早已习以为常。

几年前，在纽约市中心的一座办公大楼，我遇到了一位电梯工，注意到他失去了左手。我问他是否为失去左手苦恼，他说："哦，不，我很少会想起这个。我还没有结婚，所以，只有在穿针引线的时候，我才会注意到。"

如果我们必须适应或忘记某个状况，令人惊奇的是，我们很快就能做到。

阿姆斯特丹有一座建于15世纪的大教堂。教堂的遗迹上写着佛兰芒语碑文："事情是这样，就不可能是别样。"

随着时间的流逝，我们会遇到许多不快的事。既然是这样，就不可能是别样。我们有两种选择，要么接受并适应既成的事实；要么拒绝接受，从此生活在精神崩溃之中。

　　"要愉快地接受既成事实。接受已经发生的事情，这是克服不幸的第一步。"这是我钟爱的哲学家威廉·詹姆斯给人们的明智忠告。伊丽莎白·康奈利家住俄勒冈州波特兰东北四十九大街2840号。她付出了沉重的代价才理解这句至理名言。在最近的一封信中，她谈到了此事。下面就是她来信的内容：

　　"在美军庆祝北非战场胜利的那天，我收到了一封来自军队的电报。电报称，我最喜爱的侄子失踪了。不久后，我又接到一封电报，告知我他牺牲的消息。

　　"我沉浸在悲伤之中。但是在此之前，我觉得生活十分美好。我有份自己喜欢的工作，将自己全部的精力和爱都倾注到了这个侄子身上。对我来说，他代表了美好、年轻，甚至一切。我觉得，正如春播秋收一样，现在到了收获时节，可是……

　　"然而，这封电报却残忍地摧毁了我的生活。我觉得，活着没有任何价值。于是，我不再重视工作、朋友以及所有的一切。我痛苦，而且愤恨不已：为什么是我那年轻可爱的侄子？我无法接受现实，于是，在悲观绝望中，我决定放弃工作，远离一切，从此与眼泪和痛苦为伴。

　　"整理书桌准备辞职的时候，我偶然看到了一封信。那是几年前母亲逝世的时候，侄子写给我的信。

"信上写道：'当然，我们会想念她，尤其是你。但我知道，你会支撑下去，因为你的个人理念会让你坚强。我永远不会忘记，你教我的那些美好的东西。无论我身在何处，无论我们相隔多么遥远，我都会记得，你教我要微笑，要像个男子汉一样面对一切。'

"我把信读了一遍又一遍，仿佛他就站在我的身边，正在对我说：'为什么不按照你教我的那样做呢？无论发生了什么，你都要坚强，要用微笑掩盖悲伤，坚持下去。'

"我决定停止悲伤，开始工作。我对自己说，既然事情已然这样，我不可能改变。但是，我能像他希望的那样，坚强地去生活。我把全部精力投入到了工作中，还给其他的士兵——别人的儿子写信。我参加晚上的成人教育班，借此来寻找新的乐趣和结识新的朋友。令人难以置信的是，我发生了脱胎换骨的变化。我不再为逐渐远去的过去悲伤，而是像侄子劝告的那样，每天都充满了快乐。我接受了自己的命运，生活得比原来更加充实，更加有意义。"

伊丽莎白·康奈利发现了我们迟早要学会的东西，即我们必须接受不可避免的事实。事实是这样，就不可能是别样。学到这样的道理并非轻而易举。即使是坐在宝座上的君王，也要一直这样提醒自己。已故的乔治五世在白金汉宫的办公室墙上挂了这样一幅字：不要为月亮哭泣，也不要为打翻的牛奶哭泣。叔本华的一句话也表达了同样的道理，即"在人生的旅途中，必要的顺从是很重要的"。

德国哲学家叔本华

显而易见，我们高兴与否并非取决于环境，而是取决于我们对环境所做的反应。耶稣说过，天堂和地狱与我们同在。

如果必要，我们可以忍受并战胜种种天灾人祸。我们也许没有想到，但是，我们的内在力量却出人意料的强大。其实，如果我们充分利用自己的内在力量，我们比自己想象的更为强大。

已故的布思·塔金顿常说："除了失明，我可以忍受人生的任何事情。"在他60岁那年的一天看地毯的时候发现，地毯的颜色和图案变得模糊不清。他去看了专家，得知了残酷的事实：他的一只眼睛接近失明，另一只眼睛不久也会失明。他最害怕的事情降临在了他的身上。

塔金顿对残酷的事实有何反应呢？他接受了事实，承认这就是自己生活的最终结果吗？不，他很快乐，还不时地幽默一下。斑点总是在他眼前晃来晃去，阻碍他的视力。当大斑点在眼前晃过的时候，他会说："大斑点爷爷又来了。这么美好的早晨，你准备去哪里啊？"

命运可以战胜精神吗？答案当然是否定的。塔金顿在完全失明后说："我发现自己完全可以接受失明，就像一个人可以承受任何事情一样。如果失去了五官，我仍可以活在思想里。因为无论五官是否存在，我都可以在心中想象它们的样子。"

为了恢复视力，塔金顿必须在一年内接受12次以上的手术，而且是局部麻醉。他对此是否抱怨过？他知道自己不能逃避。他拒绝住单人病房，而是与其他病人一起住进了大病房，帮助他们振作起来。当他知道，自己的眼睛要不断接受手术治疗的时候，他觉得自己很幸运。他对自己说："多好啊，现代的科学技术可以为眼睛这样娇嫩的器官做手术。"

如果常人要接受12次以上的手术和失明，他一定会紧张不堪。但是塔金顿说："我不会拿这次经历和快乐做交换。"这次经历教他知道，生命带给人的痛苦都在我们可以忍受的范围之内。正如约翰·弥尔顿所说："失明并不痛苦，痛苦的是你不能接受失明。"

著名的女权主义者玛格丽特·福勒的信条是：我接受一切。

闻听此话，坏脾气的老托马斯·卡莱尔在英格兰不屑地说："她最好可以做到。"是啊，我们最好可以接受铁一般的事实。

如果我们抱怨和抵触铁一般的事实，我们只会痛苦加倍，而不会改变事实。但是，我们可以改变自我。我对此有切身的体会。我曾经面对一个不可更改的事实，当时，我拒绝接受，像个傻瓜一样抱怨和抵触。结果，我付出的代价是自己沉沦到地狱一般的失眠。最后，在经历了整整一年的自我折磨后，我不得不屈服，接受我无法改变的事实。

我早就应该吟诵沃尔特·惠特曼的诗歌：应该像树和动物一样，敢于面对黑夜、暴风雨、饥饿、嘲笑、意外和拒绝。

我用了12年的时间研究牛的习性，但是，我从未看到，一头泽西乳牛因为干旱引发的草原火灾或它的同伴多看了一眼另外一头母牛而狂怒。动物在面对黑夜、暴风雨和饥饿的时候，它们很冷静，也很少会精神崩溃、患胃溃疡，或者精神失常。

难道我是在主张，我们应该向挫折低头吗？不，我并不赞同宿命论。只要有一丁点机会可以改变环境，我们都要努力。常识告诉我们，在面对不可改变的事实的时候，为了自己的心智健

弥尔顿失明后在女儿帮助下写作

康，我们不应该瞻前顾后，而是要勇敢地接受。

已故的赫斯基是哥伦比亚大学的院长，他把一首打油诗奉为自己的座右铭：

天下许多痛苦，

有的可以医治，有的不能。

如果可以，就努力医治，

如果不能，就把它忘记。

在撰写此书的时候，我拜访了美国商界的一些领袖人物。他们给我留下的最深刻印象就是，他们能接受不可更改的事实，特立独行地过着无忧无虑的生活。否则，他们可能会遭受巨大压力的折磨。有例为证：

彭尼是彭尼全国连锁店的创立者。他对我说："即使失去了每一分钱，我也不会忧虑，因为我从忧虑那儿得不到任何东西。谋事在人，成事在天嘛。"

亨利·福特说过许多类似的话，比如："当我不能对事情做出决断的时候，就让上帝来决定吧。"

我曾经询问克莱斯勒公司的总裁凯勒，如何远离忧虑。他答道："当我面对一个棘手问题的时候，如果可以做些什么，我会全力以赴；如果不可以去做，我会选择忘记。我知道无人可以预知未来，所以，我从来不为未来担心。有太多的因素影响着未来，而且无人知道是什么促成了这些因素。所以，我为什么要担心未来呢？"如果我们称赞凯勒为哲学家，他一定会感到不好意亨利·福特（1863—1947）·美国汽车工程师与企业家·福特汽车公司创始人。1908 年福特汽车公司生产出世界上第一辆属于普通百姓的汽车——T 型车·世界汽车工业革命就此开始。

亨利·福特

思。他只是一位成功的商人，却在偶然间采用了古希腊哲学家埃皮克提图的哲理。1900年前，埃皮克提图在罗马宣称："快乐的唯一方法是不要为力不能及的事情忧虑。"

莎拉·贝恩哈特熟知如何接受不可更改的事实。半个世纪以来，她一直是四大剧院独占魁首和最受喜爱的女演员。但是，她在71岁时破产，失去了所有的金钱。更为不幸的是，乘船横渡大西洋的时候，她在一场风暴中跌倒在甲板上，一条腿因此而严重受伤，肌肉开始萎缩。医生告诉她必须截肢，波兹教授以为，这个消息会让她暴跳如雷，但实际情况是，她只是看了他一眼，冷静地说："如果必须做截肢手术，那就做吧。"这就是命运。

当她被推进手术室的时候，儿子在旁边啜泣，她却若无其事地冲他挥挥手："不要走开，我一会儿就回来了。"

手术康复后，莎拉继续周游世界，过了7年让影迷为之疯狂的生活。

"当我们停止抵触铁一般的事实，"艾尔西·麦考密克在《读者文摘》上的一篇文章中说，"我们释放的力量就会创造一个更加美好的生活。"

没有谁有足够的精力和情感对抗既成的事实，去创造一个新的生活。我们只能选择其一：要么接受人生中不可避免的暴风雨；要么一味抵触，最终被击倒。

在密苏里州农场，我曾经看到这样一幕：农场种植了20棵树。起初它们疯狂地长高，但是，后来的一场暴风雪在树枝上结了一层厚厚的冰霜。它们不是优雅地向重荷弯腰，而是顽强骄傲地对抗，结果是树枝被折断。其实，它们没有学会在北方森林中生活的智慧。我在加拿大延绵百里的常青森林旅行的时候，没有看到一棵因冰雪折断的云杉和松树，因为这些树知道如何顺从不可更改的事实。

柔道大师教导自己的学生："要像杨柳般柔顺，不要像橡树般挺直。"

汽车轮胎为什么能在路上行驶，承受一路的颠簸？起初制造商想制造一种可以抗拒颠簸的轮胎，实验结果是，这种轮胎很快被磨成了细条。后来，他们制造了可以承受各种压力的轮胎，即现在的充气轮胎。如果我们能够承受人生道路上的各种压力和悲伤，我们就能在人生道路上走得更久更远。

如果我们不能承受人生道路上的压力，而是抵抗，那么，会发生什么呢？如果我们不像杨柳般柔顺，而是像橡树般挺立，又会发生什么呢？答案显而易见：我们将会忧虑、紧张、心力交瘁。如果我们抵触现实世界的不快，退缩到自己编织的梦幻世界里，我们最终将会疯掉。

战争期间，数以百万内心恐惧的士兵要么接受铁一般的事实，要么在压力下崩溃。下面的故事曾经获得纽约成人教育班的奖金，讲述者是家住纽约格兰岱尔七十六大街7126号的威廉·卡斯利斯。

"在加入护卫队不久，我被派往大西洋一个重要场所做炸药监督员。想象一下，一位饼干推销员竟然去做炸药监督员！一想到要站在成千上万吨的炸药上，我就浑身颤抖。最令人恐怖的是，我仅仅接受了两天的培训。我永远记得我的第一次任务。那天浓雾弥漫，天色阴暗，气温很低，我负责新泽西州卡文码头的

5号仓库，我的手下是5位对炸药一无所知、身强力壮的搬运工。他们的工作就是把重磅炸弹搬运到船上。每个炸弹含有一吨的炸药，足以把船只炸成碎片，可是，捆绑炸弹的只有两根电线。我在心里一直说：假若一根电线滑落或断裂，哦，那可就惨了。我害怕得嘴唇发干，浑身打战。我的双腿哆嗦个不停，心儿咚咚狂跳不止。但是我不能退缩，否则我就成了逃兵，不仅自己丢脸，还给父母丢脸，何况逃跑的结果是当场被枪毙。我不能逃跑，只有留下来，监督这些工人装载炸药。这艘船随时都有可能被炸成碎片，不过，在担心害怕了一个小时之后，我开始镇静，对自己说：'看，即使被炸死也算干脆痛快，总比死于癌症好多了。不要做傻瓜，反正人总有一死。你要么继续工作，要么被枪毙。所以，还是继续干活为妙。'

"我自言自语了几个小时，然后开始放松。后来，我克服了忧虑和恐惧，接受了铁一般的事实。我永远忘记不了这一课，每当我因不可更改的事实忧虑的时候，我会耸耸肩膀，选择忘记。我发现，这种策略对于饼干推销工作同样大有裨益。"

言之有理！让我们为这位饼干推销员热烈鼓掌！

除了耶稣被钉死在十字架上，历史上最有名的死亡恐怕要算苏格拉底之死了。即使过了百万年之久，想必还会有人欣赏柏拉图对此所做的不朽描述，欣赏文学史最能打动人心的一章。有些雅典人对苏格拉底又妒忌又羡慕，因此捏造了一些子虚乌有的罪名判他死刑。当善良的狱卒递过毒药的时候，他对苏格拉底说："尝试轻松地接受不可更改的事实吧。"苏格拉底做到了。他平静顺从地接受了死亡，成为一代圣人。

《苏格拉底之死》┃法国┃雅克·路易·大卫

　　"尝试轻松地接受不可更改的事实"，一个狱卒在公元前399年说了这句话。在忧虑肆虐的今天，人们更需要这样的至理名言。

　　在过去的8年，我读了很多自己能够找到的有关消除忧虑的书籍杂志。你知道我发现的最好箴言是什么吗？虽然话语不多，但是，我们应该把它贴在浴室的镜子上，以备每天温习。这就是莱因霍尔德·尼布尔博士——纽约联合工业神学院实用神学教授的话：

　　上帝赐予我宁静，

　　接受不可更改的事实；

　　赐予我勇气，

　　去改变可以改变的；

　　赐予我睿智，

　　好让我分辨两者。

　　要养成在忧虑干扰你之前打破它的习惯，秘诀之四是：

接受不可更改的事实。

为忧虑设置底线

你想知道如何在股票交易中赚钱吗？如果我知道答案，其他百万从事股票交易的人也会知道，这本书将会卖出天价。不过，确实有一个好方法，许多成功者都在使用。查尔斯·罗伯茨在纽约东四十二大街17号办公，是一位投资顾问。下面是他的亲身经历：

"我刚从德克萨斯州来到纽约的时候，身上只有2万美元。这笔钱还是朋友托我到股票市场进行投资的。我以为，自己精通股票生意，不料却输得一文不剩。事实上，我在多次交易中都收益颇丰，但是，最后我却输得一败涂地。

"输掉自己的钱，我并不在意。可是，输掉了朋友的钱，我觉得很糟。尽管朋友承担得起损失，但是，我在投资失败后，却无颜面对他们。令我吃惊的是，朋友对此并不在意，而是继续对我抱以乐观的态度。

"我知道，自己的投资毫无计划，完全是凭借运气和他人的意见。正如菲利普斯所说：'我在股票市场凭借的就是幸运。'

"我开始认真思考自己犯下的错误，决心在全盘了解股票之后，重闯股市。我有幸结识了成功的预测专家伯顿·卡斯尔斯，他在股票市场很有声望。我知道，他在这个行业的成功不仅仅是机遇和运气。我相信，自己从他那儿可以学到很多东西。

"他问了我几个有关交易的问题，然后告诉了我交易最重要的原则。他说：'每次交易的时候，我都会设置一个底线。打个比方，如果我买进50美元一股的股票，我会立刻在45美元处设底线。'这也就是说，在股票下跌了5美元的时候，他就立刻抛出。这样，他的损失就只有5美元。'

"这位成功人士说：'如果你购进股票的时候很明智，赚头就可能平均在10美元、25美元，甚至是50美元。因此，如果你把损失的底线设在5美元，即使一半以上的判断失误，你不是仍然可以赚上一大笔吗？'

"这个原则我活学活用。迄今为止，我为自己和客户挽回了很多损失。后来我意识到，这个方法也可以用到股票市场以外的地方。于是，我开始在令自己头痛和愤怒的事情上设置底线，效果极其显著。

"比如，我常和一位不守时的朋友一起共进午餐。他以前总是在午餐时间过半的时候才出现，后来我告诉他：'比尔，我的底线是等你10分钟。如果到时你不出现，我将取消约会走人。'"

诸位，我多么希望，我以前就有这样的理智，能在我的急脾气、坏脾气、欲望过多、悔恨和各种内心情感压力上设置底线。在一种情况对我造成威胁的时候，我为什么不能对自己说："瞧，戴尔·卡耐基，这个情况值得你关注的只有这些。干吗费心……为什么不到此为止呢？"

然而，我还是在一个场合忘记了这点。那是一个重要的场合，我人生中的一场危机。在考虑过自己的梦想和对未来的规划后，我发现多年的努力白费了。事情是这样的：而立之年刚刚过去的时候，我决定尝试小说写作，希望能取得像弗兰克·诺里斯、杰克·伦敦和托马斯·哈代等人的成就。我为此专门在欧洲待了两年。那时，欧洲充斥着一战时期印刷的钞票，美元十分坚挺。我花费了两年的时间，写了一部名为《暴风雪》的杰作。可是，所有看过书稿的出版商反应都很冷淡，程度不亚于达科塔大平原上呼啸的暴风雪。后来，我的经纪人告诉我，作品一文不值，我根本没有写作的天赋和才能。我心跳几乎停止，迷迷糊糊地离开了他的办公室。即便他当头给我一棒，我的吃惊程度也不过如此。我意识到，自己站在人生的一个十字路口，我必须做出至关重要的决定。我应该做什么？我应选择哪条道路？数星期后，我才从迷茫中醒悟过来。在此之前，我从未听说过"为忧虑设置底线"。现在，回首往事，我恰恰是这样做的。我认为，撰写小说失败的两年是一次宝贵的经历。从此我决定重拾成人教育的老本行，只是利用业余时间撰写传记以及类似此书的作品。

对于那个决定，我现在还心存感激！每次回想此事的时候，我仍然会认为，那次的决定十分正确。坦白地说，我从来没有抱怨过自己没有成为托马斯·哈代第二。

100年前的一个夜晚，当猫头鹰在瓦尔登湖畔的树林中尖叫

美国哲学家梭罗

亨利·梭罗（1817—1862），美国作家、哲学家，代表作有散文集《瓦尔登湖》和政论《论公民的不服从权利》。

的时候，亨利·梭罗用鹅毛笔蘸着自制的墨水，在日记中写道："所有事物的代价就是生活的总价值，有的当场兑现，有的则需日后付清。"

换言之，当我们为一件事情过多支付了它应有的价值，我们就是傻瓜。但吉尔伯特和沙利文的确这样做了，他们知道如何创作出让人愉悦的词曲，却不会在自己的生活中创造快乐。他们创作了许多脍炙人口的歌剧，比如《佩辛丝》、《比纳佛》、《日本天皇》等，但他们却无法控制自己的坏脾气，竟然为一条地毯怨恨多年。沙利文私自为他们的剧院订购了一条新毛毯，吉尔伯特看到账单的时候，暴躁如雷，大发雷霆，他甚至把此事闹到了法院。此后，他们互不理会，直至告别人世。沙利文为新作谱好曲子以后寄给吉尔伯特，吉尔伯特填好词后再寄还沙利文。舞台上谢幕的时候，他们各自站在舞台的一边，对着不同的方向鞠躬，以免看到对方。他们不知道在自己的愤怒上设置底线，但是林肯却做到了。

内战期间，当林肯的朋友毫不留情地攻击他以前的政敌的时候，他推心置腹地对他们说："或许是我的感觉比较愚钝的缘故吧，你们比我有更多的个人恩怨。但是，我认为这样做没有丝毫价值。一个人没有必要把半生的时间浪费在互相攻击上。如果谁停止攻我，那么，我和他的恩怨也会就此结束。"

我多么希望，伊迪丝姑妈也能拥有林肯这种宽容的精神。姑妈和富兰克姑父居住在一处被抵押了的农场。那里土地贫瘠，灌溉措施落后。他们生活艰难，恨不得一分钱掰成两半花。伊迪丝姑妈喜欢买些窗帘等物什装饰家里，而这些只能在密苏里州马

林肯总统

亚伯拉罕·林肯（1809—1865），美国第16任总统，也是美国最伟大的总统之一。他领导了美国南北战争，维护了联邦的统一。他颁布了《解放黑人奴隶宣言》，被称为『伟大的解放者』。

里维尔丹·埃弗索尔的纺织品店赊购。姑父因惧怕积欠账款，便私下告诉埃弗索尔，不要赊欠东西给姑妈。姑妈知道这件事情以后，怒气冲天。即使半个多世纪过去了，她仍念念不忘，暴跳如雷。我不止一次听她说过此事。最近我去探望姑妈的时候，我对即将80岁的她说："伊迪丝姑妈，姑父的做法使你蒙羞。难道你不觉得你已经抱怨了半个世纪了吗？姑父做的也不至于这样糟糕吧？"（当然，我这话是白费口舌，没有任何用处。）

7岁的时候，本杰明·富兰克林犯了一个让他牢记了70年的错误。他在7岁时喜欢上了一把哨子，他兴奋地跑进玩具店，没问老板价钱，掏出所有的铜板，买下了那把哨子。70年后，他在给朋友的一封信中说："回到家后，我得意地吹着哨子，满屋乱转。"当哥哥和姐姐知道他支付的价钱远远超出了哨子价值的时候，他们就取笑他。他说："我为此懊恼地大哭了一场。"

多年以后，富兰克林成为了闻名世界的人物和驻法大使。但是他仍然记得，自己为哨子付出了太多金钱，而此事带来的懊恼远远多于乐趣。

这件事情给富兰克林的教训是无价的。他说："我长大进入社会以后，开始通晓人事，见识到很多类似买哨子的行为。我认为，人类的苦难相当大一部分来自他们对事物价值的错误估计。他们为哨子付出了太多的金钱。"

吉尔伯特和沙利文为他们的哨子付出了很多，伊迪丝姑妈也是。我在许多场合也是这样，就连创作了《战争与和平》、《安娜·卡列尼娜》等巨著的列夫·托尔斯泰也是如此。据《大英百科全书》记载，世界上最受崇拜的托尔斯泰在人生的最后20年，即

本杰明·富兰克林

本杰明·富兰克林（1706—1790），18世纪美国最伟大的科学家和发明家，著名的政治家、外交家、哲学家、文学家、航海家以及美国独立战争的伟大领袖。

1890年到1910年，在家里接待了许多仰慕者。这些人远道而来，只为一睹他的风采，听一下他的声音，甚至为了摸一下他的衣服。他说的每句话都被记在本子上，仿佛是上帝的启示一般。但是在日常生活中，70岁的托尔斯泰在理智上却不及7岁的富兰克林。

托尔斯泰娶了一位自己喜爱的佳人为妻。事实上，一开始他们如胶似漆。他们向上帝祈求，希望永远幸福地生活。但是，他的妻子本性妒忌，即使他在林中散步，她也常常装扮成农妇，监视他的一举一动。两个人为此经常吵架，妻子变得更加妒忌，她甚至妒忌自己的孩子。有一次，她竟然用手枪射击女儿的照片；还有一次，她拿着一瓶鸦片在地板上打滚，威胁着要自杀，孩子们被吓得挤在角落里尖叫。

托尔斯泰做了些什么？如果他把家具砸烂，还有情可原。但是，他做得实在糟糕。他写了一本日记，里面记录了妻子的罪过。这本日记成为了他付出很多金钱的"哨子"。托尔斯泰写下这本私人日记，原本是想让后辈们原谅他，并指控妻子才是一切错误的根源。可是，他的妻子做了些什么呢？作为回应，她撕毁并烧掉了这本日记，自己也写了一本日记，指责托尔斯泰是一个坏人。她还写了一本名为《谁之过》的小说，把丈夫描写成了家庭的破坏者，而自己是不幸的牺牲品。

是什么导致了这一切呢？为什么两个人共有的家变成了托尔斯泰眼里的"一座疯人院"？显而易见，原因多种多样。但是，给我们留下深刻印象的原因是他们强烈的欲望。不错，我们是这些忧虑者的后裔。我们有权指责他们中的任何一位吗？不，我们太关心自己的问题了，不会浪费一分钟的时间去思考托尔斯泰的

《托尔斯泰画像》┃俄国┃列宾

问题。这两个可怜的人为他们的"哨子"付出了多么大的代价啊！在半个世纪中，他们过着名副其实的地狱般的生活，可是，他们谁也没有理智地说："停，就此打住。"我们正在挥霍生活。现在，我们该说"就此打住"了。

我相信，正确的价值观是获得内心平静的重要秘诀之一。如果我们习惯于考虑什么事情值得付出，那么，我们就能彻底消除一半的忧虑。

养成在忧虑干扰你之前打破它的习惯，秘诀之五是：

无论是花钱购物或者是为生活付出代价，我们首先要问自己以下三个问题：

1. 现在忧虑的事情与自己有多大的关系？

2. 应在何时设置"到此为止"的底线，并彻底忘记此事？

3. 这个"哨子"具体价值多少？你是否已经超付了价钱？

莫锯木屑

在写下这个标题的时候，我可以看到窗外的花园，看到花园里嵌在岩页和石头上的恐龙足迹。这是我从耶鲁大学皮博迪博物馆购得的。馆长还专门来信，告诉我这个足迹可以追溯到1.8亿年前。即使一个先天愚钝的笨蛋也知道，想改变1.8亿年前的足迹简直是痴人说梦。然而，许多人的忧虑却像这个念头一样，愚不可及。我们不可能返回3分钟前，改变那时发生的事情。实际上，我们只能做些事情，改变3分钟前发生之事的后果。

如果我们要把过去变得有意义，只有一个途径：即冷静地分析过去的错误，从中吸取教训，并牢记于心。

我明白这个道理，但是，我是否有勇气和理智这样做呢？为了回答这个问题，我不妨先讲讲自己多年前的荒诞经历。曾经有30万美元在我手中滑过，我却未赚到一分。事情是这样的：我办了一个大规模的成人教育班，并在其他城市设有分校。我在管理和广告上投入了大量的资金，但是我忙于教学，无暇顾及财务。实际上，我缺乏管理财务的经验，需要一位精明的业务经理安排各项支出。

一年后，我吃惊地发现，办学收入不少，但没有任何利润。发现这点后，我应该做两件事情：第一，我应该有黑人科学家乔治·华盛顿·卡弗失去4万元存款时的理智，那是他一生的积蓄。不过，当有人问他是否知道银行破产的时候，他回答："我听说了。"然后他继续教学，把这笔损失完全从脑中抹去。第二，我应该分析自己的失误，并从中吸取教训。

坦白地说，我没有做两件事中的任何一件。恰恰相反，我走进了忧虑的死胡同，一连几个月都焦虑不堪，难以入眠且体重下降。我不但没有从这个失误中吸取教训，反而直冲向前，又犯下一个同样的低级错误。

对我而言，承认这个愚蠢的错误让人汗颜。但我发现了一个道理："相比而言，教20个人道理易如反掌，教一个人做事反倒难上加难"。

我多么希望，自己能师从纽约乔治·华盛顿中学的布兰特温先生。艾伦·桑德斯住在纽约布朗克斯区，曾经是他的学生。

桑德斯先生告诉我，教他生理课的布兰特温先生给他上了最有价值的一课。"当时我只有十几岁，"桑德斯告诉我说，"但我却是个忧虑者，总为自己做过的事情耿耿于怀。考试以后，我总是担心得睡不着觉，紧张地咬自己的指甲。我总是沉浸在自己做过的事情当中，难以自拔；我后悔自己做过的事情不够漂亮，后悔自己说过的话不够得体。

"一天早上，科学实验室的桌子上放着一瓶牛奶。我们坐下以后，盯着牛奶，猜想它与我们有什么关联。突然，布兰特温先生大手一挥，牛奶瓶子"砰"的一声，掉进了水槽。这时，他大声地说道：'不要为打翻的牛奶哭泣。'

"他让我们围到水槽边观看：'好好看看。我想让你们记住，牛奶浪费掉了，就算你们呼天哭地，事情也无法挽回。除非你们事先动了脑筋，小心翼翼，或许牛奶可以保住。现在已经为时过晚，我们唯一能做的事情就是彻底忘记它，继续下件事情。'

"我早已忘记了几何学和拉丁语，但是，这个小小的演示却让我记忆犹新。相比4年中学中学到的知识，它教给我的道理更有价值。它教我尽可能去保住牛奶，但是，一旦牛奶打翻，就要把它彻底忘记。"

也许你们对"不要为打翻的牛奶哭泣"之类的陈词滥调不屑一顾。我知道这是老生常谈。但是，这些陈腐的谚语包含着从岁月中提炼的智慧；它们来自人们的亲身体会，一代一代地传承至今。如果你读过历史伟人撰写的有关忧虑的书籍，你就会发现，像"车到山前必有路，船到桥头自然直"、"不要为打翻的牛奶哭泣"之类的谚语具有多么深刻的内涵。如果我们能够在生活中运用这些谚语，而不是对其不屑一顾，那么，我们也就没有必要通读这本拙著了。事实上，假若我们能够理解并学会运用大多数的谚语，我们的生活会更加完美。我们只有学会了知识，并能举一反三地运用知识，知识才是力量。这本书并非要教你什么新的道理，它只是提醒你，如何学会运用这些道理。

已故的弗雷德·福勒·谢德先生是《费城通讯报》的主编。他有一种天赋，能从一个全新的、独特的视角阐释古老的真理。我一直对他敬仰有加。一次毕业典礼上，他问大学毕业生："让我们看看有多少人锯过木头？"多数人做过此事。他又继续问道："又有多少人锯过木屑？"没有一个学生举手。

"很明显，你们不会去锯木屑，"谢德先生说，"因为木屑已经被锯过了。与此同理，当你为过去的事情忧虑时，你只不过是在锯木屑而已。"

棒球老将康尼·麦克在耄耋之年的时候，我问他是否曾经为输掉比赛而忧虑。他答道："和你想的一样，过去我常常为此忧虑。但在后来，我发现忧虑没有任何好处，便停止了这种愚蠢的行为。你不能去磨已经磨好的面粉，这只是白费工夫。"

是啊，你不能去磨已经磨好的面粉，如同你不能锯木屑一样，一切都是徒劳。但是，你可以抹去脸上的皱纹，治愈胃溃疡。

我曾经与杰克·邓普西在去年感恩节共进晚餐。在享受过火鸡和越橘沙司之后，我们谈起了失去拳王宝座的那次比赛。那是他人生中最沉重的一次打击。"那次比赛中，"他说，"我突然发觉自己老了。在第十回合结束的时候，我虽然没有倒下，但却气喘吁吁，几乎睁不开双眼……我看到裁判举起了吉恩·滕尼的手，以示胜利……我再也不是世界冠军了。我很沮丧，穿过人群回到了更衣室。这时，一些人试图抓住我的手表示安慰，一些则双眼含泪为我遗憾。

"一年之后，我和滕尼再战。但是，一切已经于事无补，我彻底地失败了。不为这两次惨败忧心？难乎其难！但我对自己说：'我不要活在过去的惨败中，或为打翻的牛奶哭泣。我要承受失败，不能被打倒在地。'"

杰克·邓普西的确做到了。他是怎么做到的呢？依靠着一遍遍对自己说"我不要为过去忧虑"吗？当然不是。他所做的就是接受并忘记自己的失败，全身心地投入到未来的筹划中。他一门心思，扑在百老汇的邓普西餐厅和第五十七大道大北方旅馆的经营上。他举办各种拳赛的展览，忙于各种有意义的事情，根本没有时间和心思忧虑。"最近10年，我过得很好，"杰克·邓普西说，"甚至比做拳王时过得还好。"

邓普西先生说，虽然自己没有读过什么书，但却深知莎士比亚的一条至理名言，即"智者绝对不会为过去悲伤，而是卧薪尝胆以谋东山再起"。

我阅读历史和传记，观察人们在困境下的表现。令我震惊和备受鼓舞的是，人们有能力消除忧虑和悲伤，继续幸福快乐的生活。

我曾参观辛辛监狱。我惊奇地发现，囚徒们像外面的自由人一样，过着快乐的生活。我就此事询问了监狱长刘易斯·劳斯。他解释说，很多罪犯刚进来的时候牢骚满腹，破罐子破摔。但几个月过后，多数明白事理的犯人就会抛弃过去的不幸，安心接受狱中的改造生活。劳斯狱长还告诉我，有一位犯人曾是花匠，狱中他照样种花种草，还时不时地高歌一曲。

这位在辛辛监狱中种花种草、时而高歌一曲的犯人比我们绝大多数人都有理智。他知道哭泣毫无用处。那么，我们为什么还要浪费眼泪呢？当然，我们会因为疏忽犯错，那又怎样？人非圣贤，孰能无过？即使拿破仑戎马一生，他也曾在1/3的重大战役中做过错误的决策。我们犯的错误还不至于像拿破仑那样糟糕吧？

无论如何，即使国王倾一国之力，他也难以挽回失误。所以，养成在忧虑干扰你之前打破它的习惯，秘诀之六就是：

莫锯木屑。

海伦·凯勒在享受花香

第四篇
创造幸福安宁的七种方法

改变生活的六字箴言

在几年前的一档广播节目中，有人问我：你学到的最重要一课是什么？

答案很简单，到目前为止，我学到的最重要一课是思想的重要性。如果我知道你在想什么，就会知道你的为人。我们的思想决定我们的为人，而我们的心理状态则是决定我们命运的重要因素。爱默生说过："一个人就是他自己的所思所想。"……他怎么会是其他呢？

毫无疑问，我们需要处理的最大问题，事实上也是唯一的问题，就是选择正确的思想。如果我们做到了，那么，所有的难题将迎刃而解。伟大的哲学家马可·奥勒留的思想曾一度在罗马盛行，总结起来就是六个字：思想造就生活。

这六个字可以决定命运。千真万确，如果内心充满快乐，我们自然会很愉悦；如果纠结于痛苦，我们就会悲伤不已；如果内心充满恐惧，我们就会感到害怕；如果坏念头占据脑海，我们就会忐忑不安；如果过多考虑失败，那我们肯定必败无疑；如果沉浸在自怜之中，我们会被大家抛弃。正如诺曼·文森特·皮尔所说："你不是自己的想象，而是你的所思所想。"

我在提倡大家盲目乐观地看待问题吗？当然不是，生活并

美国先哲爱默生

拉尔夫·沃尔多·爱默生（1803—1882），美国伟大的思想家、文学家、诗人，是确立美国文化精神的代表人物。林肯总统曾称其为『美国的孔子』、『美国文明之父』。

非如此简单。其实我在鼓励大家采取一种乐观的生活态度。换言之，我们需要关注问题，而不是忧虑。两者的区别是什么呢？比如，每次穿过交通堵塞的纽约街头，我会关注我的行为，而不是忧虑。关注意味着认识问题，弄清问题的根源所在，并能冷静地找到有效的解决方法。忧虑只会令人满心苦恼，让人徒劳地在原地打转。

一个人在关注自己难题的同时，仍可以在衣扣上插一支康乃馨，昂首阔步地行走。洛厄尔·托马斯就是如此。我有幸协助他拍摄了那部有关艾伦比和劳伦斯一战出征的电影。他与助手亲自到了前线，拍摄了一系列精彩的战争镜头。电影的成功之处在于，影片真实记录了劳伦斯和他领导的那支阿拉伯军队，以及艾伦比占领圣地的情景。影片中那段名为《巴勒斯坦的艾伦比与阿拉伯的劳伦斯》的演讲，在伦敦和全世界引发了轰动。伦敦的歌剧季因此推迟了6周，以便托马斯继续在康文特皇家花园歌剧院讲述他的冒险经历和上映他的影片。在伦敦取得巨大成功后，托马斯游历了很多国家。他用了两年时间，准备拍摄一部有关印度和阿富汗的纪录片。但是，厄运不期而至：他在伦敦破产了。那时，我刚好和他在一起。我们只能在最便宜的餐馆吃廉价的食物，而这一切还多亏苏格兰艺术家詹姆斯·麦克贝的出手相助。关键问题是，虽然劳伦斯债务缠身，心情沮丧，但他只是关注，而不是忧虑。他知道，如果自己被挫折击垮，那么，对包括债权人在内的所有人而言，他将一文不值。所以，每天早上出门前，他都会购买一支鲜花，插进衣扣，然后精神饱满，昂首阔步地走在牛津大街上。他知道，积极勇敢的态度不会让他沉沦。对他而言，挫折是攀上高峰必须经历的磨难，是一盘棋的一步。

精神状态甚至能对我们的体力产生不可估量的影响。在《力量心理学》一书中，著名的英国精神病专家杰·阿·哈德菲尔德给出了一个典型例证。他在书中写道："我找了3个人，通过握测力计来测试心理对生理的影响。"

测试显示，在正常清醒的状态下，受试者的平均力度为101磅。

然后，哈德菲尔德对受试者进行催眠并发出暗示：他们非常虚弱。测试显示，受试者的力度仅为29磅，是正常情况下的1/3（受试者中有一位是职业拳击手，在催眠状态下，他被告知，自己非常虚弱。这时，他觉得自己胳膊细弱，像小孩子的一样）。

第三次测试也是在催眠状态下。哈德菲尔德暗示受试者，他们身强力壮。测试结果表明，受试者的力度竟然高达142磅。三次测试结果告诉我们：如果一个人心理上认为自己强大，那么，他的体力随即增加。

精神的力量就是如此令人难以置信。

精神真的具有此般魔力吗？我们不妨看看美国历史上一个令人震惊的故事吧。有关此事我可以洋洋洒洒，撰写一本厚书。不过，在此我言简意赅，简单叙述如下：

内战结束10个月后一个有雾的晚上，马萨诸塞州的埃姆斯伯里，一位无家可归、穷困潦倒的年轻妇人敲响了退休船长夫人"韦伯斯特"妈妈的家门。

"韦伯斯特"妈妈打开家门，看到一位虚弱、皮包骨头的陌生人。这位格洛弗夫人解释说，她正在寻找一个能够为她排忧解难的地方。

"为什么不住在这里呢？"韦伯斯特夫人说，"我自己独居在这座大房子里。"

如果韦伯斯特夫人的女婿比尔·埃利斯未从纽约来此度假，格洛弗夫人也许会在这儿长住。埃利斯发现了格洛弗夫人的存在，他喊道："我才不和流浪者同居一个屋檐之下呢。"他把这位无家可归的妇人赶出了家门。当时，天降大雨，妇人在雨中颤抖着站了几分钟，然后沿路行走，寻找避雨的地方。

这仅仅是故事的开端。那位被比尔·埃利斯赶出家门的妇人，命中注定会对其他妇人的思想产生影响。她就是现在拥有成千上万忠实追随者的玛丽·贝克·艾迪，基督教科学会的创立者。

她一直生活在疾病、悲伤和不幸之中。她的第一任丈夫在婚后不久就告别人世；她的第二任丈夫抛弃了她，与一位有夫之妇私奔，不久死在了贫民收容所。她有一个儿子，但由于贫困、疾病和妒忌所迫，在4岁时就送给了他人，此后30年间再也未曾谋面。

由于健康状况不佳，玛丽·贝克·艾迪多年来一直把全部心思放在"心理治疗科学"上。但是，她戏剧性的人生转折发生在马萨诸塞州。一天，在结冰的商业街人行道上行走的时候，她不小心跌倒，晕了过去，脊椎因此严重受伤。医生断定，她时日不多，即使侥幸存活，她再也不能行走。

躺在病床上，玛丽·贝克·艾迪打开了《圣经》。在神的指引下，她读到了圣徒马太的话："一位瘫痪的病人被抬到耶稣面前。耶稣对躺在担架上的人说：'孩子，高兴地站起来吧。你的罪已经得到了上帝的宽恕，站起来回家吧。'这个男子真的起身，打转回家了。"

玛丽·贝克·艾迪声称，耶稣的一席话给了她力量和信念。她感到，一股巨大的力量在她体内涌动。最后，她竟能下床走动了。

艾迪说："就像牛顿被苹果击中，发现了万有引力一样，我发现了自己是如何康复的，及如何让他人实现康复。我可以非常肯定地说，一切皆源于思想，影响力归根结底就是心理现象。"

就这样，艾迪成为了基督教科学会的创始人和职位最高的女神职人员。基督教科学会也是唯一由一位妇人创建的宗教信仰机构。

你也许会纳闷："卡耐基先生在为基督教科学会做宣传吧。"不，你错了，我并不是一位基督教科学会的信徒。但是，我活得越久，就越发确信思想力量的巨大。35年的成人教育经验让我知道，人们可以消除忧虑、恐惧以及各种疾病，改变思想可以改变他们的生活。我知道！我知道！我真的知道！我目睹了无数次令人惊奇的转变，对此深信不疑。

弗兰克·惠利的转变就是一个典型例证。他是我的学生，住在明尼苏达州圣保罗西爱达荷街1469号。他曾精神崩溃，忧虑则是诱发原因。弗兰克·惠利说："我担心很多事情，比如：自己过于消瘦，脱发，没有足够的钱结婚，害怕会失去想结婚的对象，生活不如意，给人印象太差，患有胃溃疡，等等。结果我忧虑太多，最后只得放弃工作。我内心紧张，就像一个没有安全阀门的锅炉，随时会因压力发生爆炸。如果你没有经历过精神崩溃，你根本无法体会，心理上的痛苦远比身体上的疼痛更加令人难以忍受。

"严重的精神崩溃使我难以与家人沟通，我无法控制自己的思想，心里充满了恐惧。即使轻微的动静，我都会被吓得心惊肉跳。我躲避所有的人，无缘无故地号啕大哭。每一天我都极其痛苦，觉得自己被所有的人抛弃，甚至包括上帝。我甚至产生了跳河自杀的念头。

"我决定去佛罗里达州旅行，希望环境的改变对我有所帮助。登上火车的时候，父亲交给我一封信，叮嘱我到达目的地以后再看。我到达佛罗里达州的时候，正值旅游旺季。我无法入住酒店，只好租住在汽车旅馆。我想在迈阿密的不定期货船上找份差事，却未能如愿。于是我只好在海滩上打发时间，觉得比在家里还要难受。我打开了父亲交给我的那封信。父亲在信中说：'儿子，虽然现在你离家1500英里，但你并没有感到有何不同，不是吗？我知道你仍然痛苦不堪，因为问题的根源依然存在，那就是你自身。你从身体到心理都很健康，你受到的挫折不是来自周围的状况，而是你对这些状况的设想。一个人的思想造就他本人。如果你明白这个道理，你就回家吧——因为你已经痊愈。'

"父亲的一番话令我十分生气。我需要的是同情，不是指责。我当时就下定决心，决不回家。当天晚上，我在一条小道上漫步，刚好经过一座正在做礼拜的教堂。我无处可去，不知不觉走进了教堂。我坐在上帝神圣的殿堂里，听了一场以'征服精神胜于攻占一座城池'为题的讲道。它的观点竟然与父亲的主张不谋而合！我摆脱了脑海里累积的迷惘，开始了人生中第一次理智的思考。我意识到，自己一直是个傻瓜。我想改变整个世界和每个人，可是，实际上唯一需要改变的是我的思想。

"翌日，我立刻打包回家，一周后重新开始工作。4个月后，我和曾经害怕失去的女孩举行了婚礼。现在的我拥有一个有5个孩子的幸福家庭，上帝在物质和精神方面对我都很眷顾。在精神崩溃之前，我只是一个部门的夜间领班，管理18个工人。现在，我是负责管理一家拥有450名员工的纸箱厂厂长，生活充实快乐。我深信，自己已经领悟到了人生的真正价值。内心焦虑的时候，我对自己说，调整好思想的焦距，一切都可以解决。

"坦白而言，我很感激那次精神崩溃。我从中了解到，我们的思想能对心理和生理产生很大的力量，并促使自己的思想趋利去弊。现在，我对父亲的观点深有体会：令我痛苦不堪的原因不是外在环境，而是自己对事情的设想。我领悟到这个道理，身体也就自然痊愈。"这就是弗兰克·惠利的经历。

我深信，我们内心的平静和生活中的快乐源于我们的心境，而非外在环境。已故的约翰·布朗的故事就是一个典型的例证。他负责占领哈珀斯费里的兵工厂，鼓动奴隶起义。然而，行动失败，他被处以绞刑。狱卒在旁边紧张忧虑地走来走去，但约翰·布朗却十分镇定。他看着弗吉尼亚州的布卢里奇山说："多么美的景色啊，我以前从来没有机会好好欣赏过。"

我们再看看另外一个故事，主人公是英国第一位到达南极的极地探险家罗伯特·福尔肯·斯科特和他同伴。他们到达南极以后开始返回，但是返程十分艰难。食物和养料都消耗殆尽，极地寒风在冰川上怒号，暴风雪持续了11个昼夜……斯科特和同伴知道，自己难以渡过难关。为了预防此类不测事件的发生，他们在出发前准备了大剂量的鸦片，足以使他们在美梦中沉睡，永远不再醒来。但是，他们对鸦片却置之不理，而是唱着歌曲，互相鼓励。8个月后，搜寻队发现了他们冰冻的尸体，以及一本日记。日记上面记载了这一悲壮的过程。

拿破仑·波拿巴 (1769—1821)，法国近代军事家、政治家、数学家。法兰西共和国第一执政，法兰西第一帝国皇帝，意大利国王，莱茵联邦保护人，瑞士联邦仲裁者。

《戴皇冠的拿破仑》｜法国｜安格尔

我抽烟，为我的罪孽哭泣

本图描绘的是拿破仑在圣赫勒拉岛上的情形。

如果我们充满勇气，而且能够冷静思考，即使坐在棺材上，骑在绞刑架上，我们也能够欣赏风景；即使在饥寒交迫中死去，我们也能让帐篷充满快乐的歌声。

早在300年前，失明的弥尔顿发现了同样的真理：思想的运用及其本身既能把地狱变成天堂，也可以把天堂变成地狱。

拿破仑和海伦·凯勒的人生故事对弥尔顿的观点做了完美的阐释。拿破仑拥有一切世人追求的荣耀、权利、财富，但他却说："我一生中没有一天快乐过。"海伦·凯勒又聋又哑又盲，她却说："我发现，生命是如此美好。"

半个世纪的人生经历使我深深明白："自身才能带来心灵的平静。"在此我仍想重提爱默生在其散文《论自助》中所写的结束语："如果你认为，政治上的一次胜利，收入的增加，健康的恢复，与久未谋面朋友的相逢，或其他一些外在的快乐令你精神振奋，心情高兴，千万不要相信。真相并非如此。只有你自身才能带来心灵的平静。"

斯多葛学派哲学家埃皮克提图提醒我们，相比切除身体上的肿瘤和脓疮，我们应更多地关注清除错误的思想。

埃皮克提图1900年前说下的至理名言，得到了现代医学的支持。坎比·罗宾逊博士声称，在约翰·霍普金斯医院，每5个人中有4个人的病因源于情绪紧张和压力，生理失衡也是如此。他说："最终，这些导致了生活的不适应症以及相关病患。"

法国伟大的哲学家蒙田的人生座右铭是："相比而言，所发生的事情不会给人造成伤害，让人痛苦的是你对所发生事情的看法。"

海伦·凯勒在用手指"看"世界

海伦·凯勒（1880—1968），美国盲聋女作家、教育家、慈善家、社会活动家。在老师的帮助下，她自强不息，以顽强毅力学会了英、法、德等5国语言。代表作有《假如给我三天光明》《我的生活》《我的老师》等。

什么意思呢？难道我在厚颜无耻地告诉你，当你深陷困境、思绪混乱如麻的时候，你应该凭借意志力改变心境吗？是的，我的确正有此意。此外，我还要向诸位展示，我们如何改变心境。虽然此事劳心费神，但秘诀非常简单。

实用心理学权威威廉·詹姆斯借助观察发现："行动似乎跟着感觉走，实际上它们是同步的。行为的调节更多直接地受控于意志，我们可以间接地控制不受意志控制的情感。"

换言之，威廉·詹姆斯告诉我们，即便我们下定决心，也不可能马上改变自己的情绪。可是，我们可以改变自己的行为。当我们改变行为的时候，我们自然而然也就调节了自己的情绪。

"因此，"他解释说，"如果你想变不快乐为快乐，最好的途径就是打起精神，让自己的行为和言语表现出快乐。"

这个简单的技巧就像整容手术一样行之有效。诸位不妨一试：面露笑容，挺起胸膛，深深地吸气，唱一段歌曲。如果你不会唱歌，那就吹吹口哨；如果你不会吹口哨，那就哼上一段小曲。你很快就会明白威廉·詹姆斯的含义：高兴的同时不可能忧伤。

这是一个能对我们生活产生奇迹的基本道理。我认识一位加利福尼亚的老太太，在此我不便提及她的名字。如果她知道这个秘诀，会在24个小时内消除所有的忧虑。她相当年迈，还是一个寡妇，我承认这点很不幸。但更不幸的是，她自己却从没试过高兴起来。如果你问她感觉怎样，她会说："哦，我很好。"但她的面部表情和嘀咕的声音表达的却是："哦，上帝，只有你知道我多么苦恼。"如果你在她面前表现得开心，她会感到厌恶。实际上，相比许多女人，她的处境相当不错：丈夫为她的余生留下了足够的保险金，3个孩子已经结婚成家，但是我几乎没有见过她的笑容。虽然每次她都会在女婿家一连住上3个月的时间，但她仍然抱怨3个女婿的吝啬自私。她看重金钱，却抱怨女儿没有送过她礼物。对于她本人和家人而言，她简直是一个恶魔。事实上，如果她想改变，她完全可以抛弃悲伤和痛苦，成为一位受人尊敬和爱戴的长者。她要做的改变就是快乐起来，把爱心分给他人，而不是浪费在不快和怨恨上面。

在印第安纳州，我认识了住在退尔城1335大街的恩格勒特。他正是因为发现了这个秘诀，至今仍然健在。10年前，恩格勒特患了猩红热，康复后又患上了肾病。他看了很多医生，甚至包括江湖郎中，但最终于事无补。不久之后，他出现了并发症，血压上升。医生告诉他，血压已达到了致命的顶点214百帕，情况很不乐观，他最好准备后事。

"我回到家，"恩格勒特说，"落实各种保险金是否得到赔付。然后，我向上帝忏悔自己所犯的过错，沉浸在沮丧之中。我的行为令每个人都很不开心，妻子和家人也悲伤不已。在自怜中沉浸了一周后，我对自己说：'你的行为就像一个傻瓜。你也许不会在一年中死去，为什么不快乐起来呢？'

"我挺直胸膛，面露微笑，似乎什么都没有发生。我承认，这种尝试相当困难，但我强迫自己开心高兴。结果，我的行为不仅帮助了家人，而且对我的病情也大有益处。

"首先，我假装开心，结果真的开始感到舒服。我的健康状况一直好转，本该躺进棺材的自己不但生活开心，血压也有所下降。有件事情我很确定，如果我一直想着死亡，那么，医生的预言就会成为现实。我的精神状态给了我身体痊愈的机会。"

我问诸位一个问题：如果心灵充满快乐的阳光，无畏的勇气，以及理智的思想能够挽救一个人的生命，我们为什么要浪费在沮丧上面呢？如果快乐的行为可以创造幸福，我们与周围的人们为什么不开始行动呢？

多年以前，我读了一部对我人生影响至深的著作，即詹姆斯·莱恩·艾伦的《思考的人》。他在书中写道：一个人会发现，如果他改变对事物和他人的看法，那么，事物和他人对他的看法也会随之改变……一个人从根本上改变思想，他会吃惊地发现，生活很快就发生了改变。人们不一定能得到想要的，但能得到拥有的……我们本身具有的神性使我们成为独一无二的人……一个人的成就与思想有直接的联系：提升思想，他会奋发向上；拒绝提升思想，他则会萎靡不振，一败涂地。

《创世纪》中记载，造物主赐予人类一份厚礼，那就是他们能够统治世间万物。我对诸如此类的特权不感兴趣，我需要的是统治自己的思想、恐惧、内心和精神。毫不谦虚地说，在此方面我颇有成就。无论何时，只要乐意，我可以掌控自己的行为和反应。

让我们铭记威廉·詹姆斯的话："只要受苦者的内心有所改变，只要他化恐惧为奋斗，那么，他就能把我们所谓的困境转变为有利的因素。"

让我们为快乐而奋斗！

让我们遵守快乐和积极思想的准则，为快乐奋斗。下面是已故的西比尔·帕特里奇35年前的励志之作《活在今天》。如果我们能够照此行动，我们将消除心里大部分的忧虑，增加我们的快乐。

《*最愚蠢的动物便是人!*》│法国│维克多．雨果

活在今天

1. 今天我要开心。正如亚伯拉罕·林肯所说："多半人可以决定自己的快乐。"快乐源于内心，而非外部。

2. 今天我要调适自己，而非调整世界适应自己。我要让自己配合家庭、事业和机遇。

3. 今天我要照顾好自己的身体。我要运动，关心、滋养身体，而不是虐待和忽视它，因为身体是一切的本钱。

4. 今天我要强化我的心灵。我要学习，而非游手好闲；我要阅读需要努力、思考和专注的读物。

5. 今天我要从三个方面操练自己的灵魂。我要按照威廉·詹姆斯的建议操练自己的心灵，默默地为某人做件好事，以及两件不想做的事情。

6. 今天我要惬意。我要使自己看起来愉悦，穿着得体，轻声慢语，举止礼貌，慷慨赞人，少做批评。我不找任何事情的错误，不挑任何人的毛病。

7. 今天我要全心全意活在今天，不去思考整个人生的问题。一天工作12小时固然很好，但是，如果我们一生都要如此操劳，恐怕我们也会吓倒自己。

8. 今天我要做一份计划，写下每个小时要做的事情。我可能不能完全履行计划，但我仍然会去尝试。它有助于消除仓促和犹豫不决。

9. 今天我要用半个小时放松自我。我要用这半个小时祈祷，想想人生的前景。

10. 今天我要无所畏惧。我不再惧怕快乐，我要享受人生的美好；我不再惧怕去爱，我要相信我爱的人和爱我的人。

为了保持平静快乐的心境，谨记：

快乐的思考和行为会让快乐如期而至。

报复的沉重代价

多年前的一个晚上，我游览黄石公园。我和其他游客坐在一个面对茂密松树和云杉的露天看台上，只为一睹森林中的一种动物——北美洲灰熊。灰熊走出森林，开始在灯光下吞噬公园酒店倾倒的垃圾。公园管理员梅杰·马丁代尔骑在马上，给我们这群兴奋的游客谈论着有关灰熊的话题。他说，除了水牛和科迪亚克棕熊，北美洲灰熊几乎可以在搏斗中击败任何其他动物。但是，那天晚上我注意到，一只动物——唯一得到北美洲灰熊许可的一只臭鼬，却在灯下与之共同进食。灰熊完全可以挥动巨掌，拍死臭鼬。可是，它为什么没有行动？因为经验告诉它，这样做不值得。

小时候，我在密苏里州农场的灌木篱笆墙边设置陷阱，捕捉臭鼬。那时，我就深谙此道。长大后，我在纽约的人行道上遭遇过一些难缠之徒。不愉快的经历让我明白，两者都不值得我烦扰。

我们憎恨敌人的时候，仇恨的情绪只会给敌人力量。如果敌人知道我们失眠、胃口大失、血压上升、透支健康和失去快乐，他们一定会高兴得手足舞蹈，幸灾乐祸。我们的仇恨一点也伤不到他们，反而让自己日夜处在焦虑混乱之中。

诸位猜猜，下面是哪位智者的话？"如果自私的人想占你的便宜，你就把他从名单中划掉，而不是去报复。当你试图报复的时候，你受到的伤害比那家伙更深。"这些话似乎出自理想主义者之口，事实绝非如此。它是密尔沃基警察局公告的内容。

报复怎样会伤害到你呢？途径有很多种。《生活》杂志上说，报复甚至能够损害你的健康，"高血压患者的主要特征是愤怒，当你长期处在愤怒中的时候，高血压和心脏病会随之而来"。

耶稣说："爱你的敌人。"他说这句话不是在宣扬道德规范，而是在宣传20世纪的医学观点。耶稣说："宽恕77次。"他是在告诉我们如何远离高血压、心脏病、胃溃疡和许多其他疾病。

最近，我的一位朋友饱受心脏病的折磨。医生叮嘱她卧床休息，无论发生任何事情都不要动怒。医生深知，心脏有问题的人，一旦动怒可能会丢掉性命。几年前，华盛顿州波斯坎的一位餐馆老板因此而丢掉了性命。斯波坎警察局局长杰瑞·史瓦特在给我的信中写道："几年前，68岁的威廉·川坎伯开了一家咖啡馆。厨师坚持不用茶托喝咖啡，川坎伯竟然为此动怒，最终葬送了自己的性命。当时他一怒之下，抓起一把左轮手枪狂追厨师，不料却跌倒在地，临死时手里还抓着手枪。验尸官说，他是因愤怒而引起了心脏病发作。"

耶稣说爱你的敌人，他是在告诉我们，如何改善面貌。女人

《基督被戏弄》｜法国｜多雷

因为怨恨而满脸皱纹，因愤怒容颜被毁；而心怀宽恕、温柔和蔼的人则不会为此发愁。

仇恨甚至破坏我们享受美食。《圣经》上曾说："一顿充满爱意的青菜晚餐胜过一顿充斥仇恨的牛排大餐。"

如果敌人知道，仇恨使我们焦虑不安、疲惫不堪、容貌尽毁、心脏病缠身，甚至可能折寿，那么，他们一定会高兴得欢欣鼓舞。

即使做不到爱自己的敌人，至少应该爱惜自己。爱自己就不应该让敌人控制我们的健康、快乐和容貌。莎士比亚说过："莫因你的敌人而燃烧一把怒火，烧伤的只会是自己。"

耶稣说我们应该宽恕自己敌人"77次"的时候，他在向我们传授工作之道。我面前放着一封来自瑞典乌普萨拉的信函，写信人是乔治·罗纳。多年以来，罗纳一直在维也纳做律师工作。二战期间，他逃到了瑞典，身无分文，急需找到一份工作。他会几种语言，所以希望能在从事进出口业务的公司做一名通信员，但多数公司以战争期间不发展这方面的业务为借口拒绝了他。然而，有一个人却给罗纳写了封回信，信中说："你对我公司业务的知识是错误的，你真是又傻又蠢。我不需要任何通信员，即使我需要也不会雇佣你。因为你的瑞典文很差劲，满纸都是错误。"

乔治·罗纳读到这封信的时候，像唐老鸭一样气愤。这位瑞典人竟然诋毁他的瑞典语水准，究竟出于什么目的？这个瑞典人写的信中不也是存在很多错误吗？乔治·罗纳写了一封谩骂信。不过，后来他却停下笔来，开始思考："等等，我怎么知道这个人说得不对呢？我是学过瑞典语，但它毕竟不是我的母语。也许我确实犯了一些我不知道的错误。如果事实如此，那么，我必须更加努力地学习，才能找到工作。说不定这个人帮了我一个大忙呢，尽管他本意并非如此。他用不友好的语气表达了他的观点，但并不表示我不亏欠他。因此，我准备写封信以表谢意。"

乔治·罗纳撕掉了那封指责信，重新写了一封："您太好了。您在不需要通信员的情况下，仍然不辞辛苦给我回信，我不胜感激。关于对贵公司业务的理解错误，我非常抱歉。我之所以给贵公司寄去求职信，是因为通过询问，我了解到您是这个行业的领军人物。我不知道信中有语法错误，对此我感到抱歉和羞愧。今后我会更加努力地学习瑞典语，尽量改正错误。感谢您帮我走上了自我提高的道路。"

几天后，乔治·罗纳意外地收到了此人的回信，要罗纳去见他。罗纳如约而至，得到了一份工作。这次经历让罗纳发现，"温和的回复改变愤怒"。

我们也许不能高尚地爱我们的敌人，但为了我们自己的健康和快乐，我们至少要宽恕并忘记他们。孔子曰："君子坦荡荡，小人常戚戚。"我曾问过艾森豪威尔将军的儿子约翰，他的父亲是否心怀愤恨。"不，父亲从不浪费一分钟的时间想他不喜欢的人。"他回答。

古语云：不会发怒的人是傻子，不愿发怒的人是智者。

这也正是纽约前市长威廉·盖纳的处世之道。他受到舆论的愤怒指责，甚至差点被疯子开枪击中丢掉性命。他躺在医院里挣扎的时候说："每天晚上，我宽恕每件事和每个人。"这也许过于完美。我们不妨看看德国伟大的哲学家——《悲观主义论集》

孔子像

的作者叔本华的忠告。他认为,生命是一次无意义且令人痛苦的冒险。他常面带犹豫之色,但是,他在绝望之中却高呼:"如果可以,不要憎恨任何人。"

伯纳德·巴鲁做过威尔逊、哈定、柯立芝、胡佛、罗斯福和杜鲁门6位总统的顾问。我询问他是否因受到敌人的攻击而焦虑。"没有人可以羞辱我,使我焦虑,"他回答,"我不会让他得逞。"

没有人可以羞辱和干扰我们,除非我们给他机会。

棍棒和石头也许会打断我的骨头,

但言语永远伤害不了我。

一直以来,人们在对敌人毫无恨意的圣人雕像前点燃香烛,以表敬意。在加拿大贾斯珀国家公园,我常凝视着以爱迪丝·卡维尔命名的那座魅力山峦。1915年10月12日,这位圣人一般的英国护士被德国士兵枪杀,罪名是她在比利时的家中收容了法国和英国伤兵,并帮他们逃往荷兰。行刑的那天早上,一位英籍牧师走进布鲁塞尔监狱,为她做临终祷告。这时,艾迪丝·卡维尔说了两句不朽的名言:"我意识到,仅仅有爱国主义是不够的。我必须不对任何人怀有憎恨和怨愤。"4年后,她的遗体被运回英国,人们在威斯敏斯特大教堂举行了追悼仪式。现在,她的一座花岗岩雕像矗立在伦敦的国立肖像画廊对面,已经成为英格兰不朽的雕像之一。

宽恕和忘记我们的敌人,一个行之有效的方法就是专心致力于比我们自身更远大的目标。这样，我们就不会在意羞辱和仇恨，除了我们的目标，我们不会对其他任何事情有所关注。1918年的一天夜里，密西西比松树林里发生了一个充满戏剧性的事件：黑人牧师劳伦斯·琼斯正要被处死。几年前，我拜访了琼斯创建的松树林乡村学校，并在那儿做了演讲。现在这所学校全国闻名，不过，我所讲的这件事发生在很久以前。当时，第一次世界大战战事正酣，一则谣言开始在密西西比流传。谣言说德国人正在鼓动黑人叛乱，琼斯因被指控帮助黑人叛乱被处以死刑。起因非常荒唐——一群白人在教堂外边听到了他慷慨激昂的演说：

"生命，就像一场搏斗，每个黑人都应该穿上自己的盔甲，用战斗谋求生存和成功。"

"战斗"、"盔甲"这些词汇足以作为煽动黑人叛乱的证据。当天夜里，这群激动的年轻白人纠集了一群暴徒，返回教堂。他们把琼斯捆绑起来，拖到了一英里外的马路上。然后，他们逼他站在柴垛上，准备把他烧死。突然有人叫道："在处死他之前，看看这个该死的人还有什么要讲的。讲话！讲话！"琼斯站在柴垛上，脖子上缠着绳子，讲述了他的人生和理想。1907年，他从爱荷华大学毕业，因品德高尚，学识渊博和音乐才华出众，深受同学和老师的喜爱。毕业的时候，他推掉了一家酒店为他预留的职位，放弃了一名富商资助他进行音乐深造的机会。为什么呢？因为一个念头。他读了布克·华盛顿的传奇故事，热血澎湃，决定将自己的一生贡献给穷人的教育事业。他去了南部最贫穷的地方，也就是密西西比州杰克逊南面25英里的地方。他把手表典当了1.65美元，以树墩作为课桌，在露天的树林里开办了学校。他告诉那些等着处死他的愤怒的人们，他把未受过教育的男孩和女孩培养成了成功的农民、技工、厨师和家庭主妇。他还谈到了帮助过自己的白人，他们捐献土地、木材、猪、牛和钱，他们协助他，帮助他继续教育事业。

琼斯的真诚和他对理想的执著感动了那群暴徒。最后，一位参加过南北战争的老兵在人群中说："我相信他说的是实话，我认识他提到的那些白人。他在做好事，我们误解了他。我们应该帮助他，而不是处死他。"老兵取下帽子，在人群中传递。他从这些原本想处死琼斯的白人手中，为松树林乡村学校筹到了52美元40美分。

事后，有人问琼斯，是否记恨那些差点处死他的人。他的回答是，他忙于自己的理想，专心致力于比自身更远大的理想，根本无暇记恨别人。他说："我没有时间争吵和懊恼，没有人可以迫使我沦落到憎恨他的地步。"

1900年前，埃皮克提图指出：种瓜得瓜，种豆得豆。无论如何，我们总要为自己的过错付出代价。他说："总之，只要人类记住这点，他将对任何人都不会生气、辱骂、记恨、冒犯和厌恶。"

美国历史上蒙受指责、仇恨和欺骗最多的人非林肯莫属。赫恩登在其经典传记中记载，林肯从不以个人好恶评价一个人，他认为，如果给他提供一个机会，敌人的表现未必比别人要差。如果曾经对他诽谤或大不敬的人适合某一职位，他会像对待朋友一样，让他担当重任。他从未排斥过自己的敌人和不喜欢的人。

麦克莱伦、苏厄德、斯坦顿和蔡斯都曾斥责和凌辱过林肯，但他们都被林肯委以重任。赫恩登在传记中记载，林肯相信："谁也不会因其作为受到颂扬，也不会因其作为或不作为受到谴责。我们都受制于条件、情景、环境、教育、习惯和遗传，所以，我们才是今天这个模样，将来也会如此"。

也许林肯言之有理。如果我们继承了同样的生理、心理和情感特征，那么，我们的敌人也是如此。生活同等对待我们和他们，那么，我们的表现和他们也完全一样。正如克拉伦斯·达罗所说："知道了一切就了解了真相，就没有空闲去评价和谴责。"因此，我们不应报复敌人，而是应该怜悯他们，应该感谢上帝没让我们变成他们那样的人。我们不要对敌人充满谴责和仇恨，而是应该给予他们理解、同情、帮助、宽容和祈祷。

我在这样一个家庭长大：每天晚上我们都会诵读《圣经》，然后跪下齐声诵念"家庭祈祷文"。父亲在密苏里州不断念诵的耶稣的话，仿佛是从遥远的时光隧道传来，至今仍在我的耳边回荡："爱你的敌人，保佑诅咒你的人，善待恨你的人，为伤害你的人祈福。"

父亲把此作为人生格言，他获得了那些达官显贵无法获得的内心平静。

为了得到平静和快乐的心境，谨记：

永远不要试图报复我们的仇人，否则，我们受到的伤害会远远大于他们。我们要像艾森豪威尔将军一样，不要在我们不喜欢的人身上浪费一分钟的时间。

玛丽·贝克·艾迪

施恩不图报

不久以前，我在德克萨斯州遇到一位实业家。他因职员不知感恩而怒火冲天，用了15分钟的时间向我讲述了事情的原委。此事发生在11个月之前，但是时至今日，他仍难以忘怀，他很生气，一有机会就开始抱怨。他给34位员工发了10000美元的圣诞节奖金。每位员工大致得到了约300美元的奖励，但是，谁也没有向他表示谢意。他愤愤不平地抱怨："我很后悔，早知道我就一分钱都不发了。"

孔子说过，狂怒之人格外可怕。我真为这个人感到悲哀。人寿保险公司的数据显示，人的平均寿命为80岁。此人已经六十有余，已经度过了生命中2/3的时间。如果他幸运的话，还可以再活上14或15年。可是，他却一直对发生过的事情耿耿于怀，我真为他感到可怜。

他不应沉浸在愤怒和自怜中，而是应该扪心自问，为什么没有得到感激。也许他付的薪水太低，职员过于劳累；也许他们认为圣诞节奖金不是礼物，而是他们应得的报酬；也许老板太过严肃，不易接近，没人敢向他表达谢意；也许他们觉得，老板发放奖金是为了避税；等等。

从另外一个方面而言，也许职员们自私、刻薄、不懂礼貌。

反正原因多种多样。我和你一样，对此并不十分了解。但是，我懂得塞缪尔·约翰逊博士的那句至理名言："感恩的心是培养的结果，在粗鲁的人身上找不到。"

在此我想说的是，这位实业家并不了解人类的天性，所以才奢求他人的感激。

如果你挽救了一个人的生命，你会期望他感恩吗？也许会。塞缪尔·莱博维茨在担任法官之前，是一名杰出的刑事律师。他曾帮助78个人免受电椅刑罚。你认为，这些人中有多少人谢过莱博维茨？有多少人专门给他寄过圣诞贺卡？诸位猜到了吗？对，一个也没有。

基督在一个下午治愈了10位麻风病人，但是，又有多少病人对他表达了感激之情？仅有一位。根据《路加福音》记载，基督为此曾环视周围，询问他的门徒："另外9个人在哪儿？"他们没说一句感激的话，就兀自离去。耶稣基督的所作所为仅得到了一人的感谢，那么，我们所施的小恩小惠，包括德克萨斯州的那位实业家，怎么能得到更多的感谢呢？

如果和钱扯上关系，那就更无望喽！查理斯·施瓦布告诉我，他曾帮助过一位出纳。那个出纳因挪用银行资金炒股而受到起诉，是施瓦布出手相助，他才免受牢狱之灾。出纳是否心怀感激？起初他确实心存感激，后来他却与施瓦布反目为仇，开始谩骂和指责这位帮助过他的恩人。

如果你给亲戚100万美元，你期望他能对你感恩戴德吗？安德鲁·卡内基恰恰这样做了。如果他能够复活，他一定会吃惊地发现，那位亲戚正在咒骂他。为什么？因为他捐给了慈善机构36亿

《耶稣治病》▕ 法国 ▕ 多雷

5000万美元，却只留给那个亲戚区区100万美元！

人类的天性就是人类的天性，不可能在你的一生中改变。我们为什么不接受这点呢？为什么我们不能像罗马帝国时代的智者马可·奥勒留一样，对此持现实的态度？他在日记中写道："今天，我将会见一个总是抱怨他人自私、狂妄自大、忘恩负义的人。如果世界上没有了这种人，我才会感到诧异和震惊呢。"

言之有理，不是吗？如果我们抱怨有人忘恩负义，谁应该受到谴责？是人类的天性，还是我们对人类天性的忽视？我们不应期望他人感恩。如果我们偶然得到他人的感激，那将是一个令人高兴的惊喜；如果没有，我们也不要愤怒。

我在这里强调的第一个观点是：忘记感恩是人类的天性，所以不要心存希望，期待别人的感谢。否则，我们会头痛和失望。

我认识纽约的一位妇人。她因为孤单，总是抱怨不停。毫无疑问，没有亲戚愿意接近她。如果你登门拜访，她会细数自己如何尽心尽力地照顾两个侄女，在她们出麻疹、患腮腺炎和百日咳的时候，她如何寸步不离地守在床边。她抚养她们多年，把其中一个送到商业学校读书，把另一个一直照顾到结婚。

侄女们回来看她吗？当然，她们有时会来，但完全是出于孝心。她们对她充满了恐惧；她总是不停地指责，总是没完没了地抱怨，总是自怨自艾。当这位夫人再也不能威逼、恫吓和欺辱两个侄女的时候，她拿出了杀手铜——她患上了心脏病。

她真的患上心脏病了吗？是的，医生说她有一颗紧张的心，因此导致了心悸。医生说，妇人的病因源于情感，他们对此束手无策。

这位妇人真正需要的是爱和关心，而她却把这些叫做"报恩"。她一贯居高临下，认为一切理所当然，所以，她永远也得不到报恩和爱。

像她这样因他人的忘恩、孤独和被忽视而苦恼的女性数以千计。她们渴望被爱，但是，世界上获得被爱的唯一方法就是停止索取，无条件地去爱他人。

这是不是听起来不切实际，有点像空想的理想主义？不，这是常识，是我们找到幸福的一个好办法。这样的事情在我家确实发生过，我的父母助人为乐。那时，我们十分贫穷，且负债累累。尽管如此，父母还是想方设法，寄钱给爱荷华州的一家基督教孤儿院。我的父母未曾拜访过那儿，也没人寄过只言片语感谢他们的馈赠，但是，他们得到的回报是巨大的。他们并没有期盼得到回报，却享受到了帮助孩子们的乐趣。

我离家后，经常在圣诞节给父母寄上一张支票，请求他们为自己奢侈地享受一番，但是，他们却很少听从我的请求。有一次，我在圣诞节前几天回到家里。父亲告诉我，他们为镇里的几个寡妇置办了煤炭和食品杂货——她们孩子太多，无钱购买食品和燃料。他们享受施惠他人的快乐，并且不期盼得到任何回报。

我觉得，父亲符合亚里士多德所描述的理想完人，一个值得享受快乐的人。亚里士多德说："理想中的完人一向以慷慨助人为乐，却以受人恩惠为耻。因为给予意味着高人一等，而领受则意味着低人半截。"

我在此想说的第二个观点是：如果我们想拥有幸福，就不要苛求回报，就不要在意他人的忘恩负义。快乐源于施舍。

几千年来，父母常常对子女的忘恩负义感到很愤怒。莎士比

《李尔王》是莎士比亚四大悲剧之一。本图是吉尔伯特为莎翁名剧作的插图之一。

《李尔王》▕ 英国 ▕ 吉尔伯特

亚笔下的李尔王甚至大声呼喊："逆子无情甚于蛇蝎。"

但是，如果我们不教育他们，为什么孩子们一定要知恩图报？忘恩负义是天性，就像野草；知恩图报像玫瑰，必须细心施肥灌溉，必须小心呵护。

如果我们的孩子不知感恩，谁应该受到指责？也许是我们。如果我们未曾教导他们心存感激，又怎么能奢求他们报恩呢？

我认识一位芝加哥男子，他最有资格抱怨继子的忘恩负义。他在一家木箱厂拼命苦干，一周的薪水不足40美元。他娶了一位寡妇为妻，在妻子的力劝之下，他借钱送两个已成年的儿子上了大学。他一周的薪水必须用于支付家用、房租、银行的利息和各种开销。他像个苦力，辛辛苦苦做了4年，无怨无悔。

他得到感恩了吗？没有，妻子和继子认为，一切都是理所当然。两个继子从没觉得自己亏欠继父什么，感恩的话语自然无从提起。

谁的过错呢？继子们吗？这位母亲肯定应该受到谴责。她认为，让孩子们承担义务是一种耻辱，她不想让儿子们心存"欠债"的观念。她从未说过："继父供养你们上大学，他是多么伟大的人啊！"相反，她的态度却是："噢，那是他应该做的。"

她认为，这是她对儿子的宠爱。但是事实上，她在向他们灌输一种危险的观念：世界亏欠他们。正是基于这种错误的思想，一个儿子因向雇主"借钱"进了监狱。

我们必须牢记，教育孩子要以身作则。我的姨妈维奥拉·亚历山大就是一位成功的例子。姨妈家住明尼阿波利斯，她从不抱怨子女"忘恩负义"。我还是个孩子的时候，维奥拉姨妈就把自己的母亲和婆婆接到自己家中，细心照顾。闭上眼睛，我仍能回忆起两位老人坐在农场壁炉前的温馨画面。对于姨妈来说，她们是累赘吗？我觉得，姨妈从未有过这样的念头。她爱两位老太太，对她们细心呵护，让她们觉得就像在自己的家中一样。另外，姨妈还要抚养6个子女。她没觉得自己有什么高尚之举，或者照顾两位老太太应该获得什么荣誉。她认为，一切都是天经地义，一切都是自己心甘情愿。

维奥拉姨妈现在生活得怎么样呢？她已经守寡20多年，5个已经成家的子女非常爱她，争着要与她一同生活，要照顾她的起居。难道这是出于报恩吗？

不！当然不是，这是爱的自然流露。孩子们从小在温暖和充满爱的环境中长大，如今用爱回报一点也不奇怪。

我们必须牢记，培养孩子感恩，我们必须心怀感激，我们要时刻注意自己的言行，要以身传教。不要在孩子面前贬抑他人的好意，不要说："看看这件圣诞礼物。你堂姐自己做的茶巾，肯定没有花一分钱。"相反，我们应该高兴地说："看看，这是堂姐花费了几个小时自己做的圣诞礼物，她多好啊！我们给她写封感谢信吧！"这样，孩子会潜移默化地学会赞扬和感激。

为得到快乐和平静的心境，谨记：

1. 莫为他人的忘恩负义而烦扰。我们应该记得，耶稣一天之内救治了10个麻风病人，仅有一人对他表达了谢意。难道我们期望能够得到比耶稣还要多的感激吗？

2. 获得幸福的唯一方法不是期望他人的感恩，而是享受施予的快乐。

3. 感恩是培养出来的。如果我们希望子女们心怀感激，我们必须以身作则。

千金不换所拥有的

　　我和哈罗德·阿博特相识多年。他住在密苏里州韦布城南麦迪逊大街820号，曾经是我的演讲经纪人。有一天，我们在堪萨斯城相遇。他驾车送我去位于密苏里州贝尔顿的农场，途中我向他打听如何远离忧虑，他给我讲了一个难忘的励志故事。

　　"我曾经为许多事情忧虑，"他说，"但1934年春天，我在韦布城街头看到的一幕消除了我所有的忧虑。短短10秒钟，我学到的东西胜过10年。2年来，我一直经营一家杂货店，我不仅损失了所有的积蓄，还背上了7年才能还清的债务。我只好在一个周六关闭了店铺。当时，我正准备去矿工商业银行借贷，然后在堪萨斯城找份工作。我毫无斗志和信心，垂头丧气地走着。突然，一位没有双腿的人迎面而来。他坐在一块装了旱冰鞋轮子的木板上，双手各持一块木头，滑动前进。我看到他的时候，他已经穿过大街，正将他坐的板车挪到比路沿高出几英寸的人行道上。在他刚刚翘起车子一角的时候，我们的目光不期而遇。他冲我露出了一个快乐的笑容：'早上好，先生。今天天气真不错，不是吗？'我看着他，觉得自己格外富有！我有双腿可以走路！我为自己的自怜感到羞愧，对自己说：'他没有双腿都很开心、快乐和自信，我这个健全的人当然也可以做到。'我开始感到心胸开阔，原本打算向银行借贷

100美元，此刻我却有了勇气，准备借贷200美元；我原本打算试着碰碰运气，在堪萨斯城找到一份工作，此刻我却信心满满。后来，我不仅借到了钱，还找到了一份工作。

"现在，我在浴室的镜子上贴了一句话，以便每天早上刮胡子的时候都能看到。那就是：在街头遇见那位无脚男子之前，我曾经因为没有鞋子而忧虑。"

我曾经问过埃迪·里肯巴克，他和同伴坐着救生筏在太平洋上漂流了21天，他从中得到的最重要的教训是什么。他回答说："这次经历的最重要教训就是，只要有足够的食物和淡水，你就不应该有一丝的抱怨。"

《时代周刊》上登载了一篇文章，讲述了一位中士的经历。在瓜达康纳尔岛，中士被弹片伤了喉咙，一连输血7次。他写纸条问医生："我能活吗？"医生回答："这是肯定的。"他又写了另外一张纸条："我还能讲话吗？"医生给出了同样的答案。然后他又写道："那我还有什么可担心的呢？"

同样，你为什么不问问自己："我有什么好担心的呢？"你会发现，自己担心的都是一些微不足道的事情。

在我们的生活中，90%的事情都是好事，只有10%的事情才是坏事。如果想要快乐，我们只需将心神集中在那90%的好事上面，就已足够；如果希望忍受忧虑、痛苦和胃溃疡的折磨，我们只要反其道而行即可。

许多英格兰克伦威尔式的教堂上都雕刻着"思考和感谢"的字样，其实，我们应该把这句话镌刻在心上。这样我们思考自己必须感激的食物，感谢上帝的恩赐和仁爱。

《格列佛游记》的作者是英国文学史上著名的悲观主义作家乔纳森·斯威夫特。他为自己的出生感到难过，生日那天，他会身着黑衣，禁食一天。但是，就是在极度的绝望之下，这位至高无上的悲观主义者称颂开心和快乐给人带来了健康。"世上最好的医生是节食、安静和快乐。"他说。

只要将目光锁定在我们拥有的那些难以置信的财富上面，我们就可以每天每刻都享受快乐。这些财富的价值远远超过了传说中阿里巴巴的珍宝。你愿意用10亿美元换取你的双眼吗？你的双腿价值几何？你的双手呢？你的听觉呢？你的孩子或家庭呢？你把自己的财富累加起来，就会发现，即使用洛克菲勒、福特和摩根三大家族的黄金来换，你也会断然拒绝。

但是，我们对这一切心怀感激了吗？没有。正如叔本华所说："我们很少思考自己拥有的，而总是关注自己缺失的。"没错，这种趋势是世上最大的悲剧，它引发的痛苦可能甚于历史上的战争和疾病。

约翰·帕尔默就是一个典型例证。他住在新泽西州帕特森十七大道30号，生性和蔼可亲，后来却变得牢骚满腹。他为此差点毁了自己的家庭。他告诉了我整个事情的经过：

乔纳森·斯威夫特

《格列佛游记》｜插图｜英国｜查尔斯·布罗克

"退伍之后不久，我开始经商。虽然每天都很辛苦，好在一切都顺风顺水。然而麻烦出现了，由于购买不到零件和原料，我开始担心，害怕自己的生意倒闭。我十分忧虑，原本和善的性格变得尖酸刻薄，而我自己却浑然不觉。直到现在，我才意识到，那时的我几乎失去了家庭的欢乐。一天，一位为我工作的年轻残疾老兵对我说：'约翰尼，你应该为自己的行为感到惭愧。你这副模样，仿佛世界上就你一人处在麻烦之中。即便你的生意暂停一段时间，又会怎样？一切恢复正常的时候，你完全可以重新开始。你原本应该对许多事情心存感激，可你却咆哮不断。上帝啊，我多么希望自己是你啊！你看看我，我仅有一只胳膊，半边脸还被子弹射伤，但我却从不抱怨。假若你不停止咆哮和抱怨，你失去的将不仅仅是你的生意，还会有你的健康、家庭和朋友。'

"对我而言，这番话简直是醍醐灌顶。我意识到，自己已经误入歧途。我立刻下定决心，重新做回自己。幸好，我确实做到了。"

我的朋友露西尔·布莱克也曾徘徊在悲剧的边缘。她也是在事后才明白，自己应该享受拥有的东西，而不是担心自己缺失的事物。

多年以前，我和露西尔同在哥伦比亚大学新闻专业学习小说创作。9年前，她遭受了人生致命一击。她住在亚利桑那州图森，告诉了我事情的经过。"我的生活非常忙碌：我在亚利桑那大学学习管风琴，在镇上开办了一家语言学校，在沙漠柳林牧场教授音乐欣赏，在星光下骑马，还参加聚会舞会。一天早上，我心脏病发作，突然倒地不起。医生没有说什么鼓励之类的话，只是告诉我，我必须卧床休息一年。

"卧床休息一年，也许还会死掉，我心里充满了恐惧。老天为什么这样待我？我究竟做错了什么，要遭受这样的惩罚？我号啕大哭，心里充满了痛苦和怨恨。我的邻居鲁道夫先生是一位艺术家。他对我说：'现在，你觉得卧床静养一年是个悲剧，可是，谁又能断定，它一定是个悲剧呢？在接下来的几个月里，你将有足够的时间了解自我，而你思想上的积累也将胜过以前的几十年。'我开始冷静，阅读一些励志书籍，培养自己新的价值理念。一天，我听到了广播评论员的一句话：'你只能表达自己的所思所想。'在此之前，这句话我听过不下百遍，但是直到那个时候，我才完全理解它的含义。我下定决心，专注于那些能支撑我活下去的念头，那些高兴和快乐的思想。每天早上醒来的时候，我强迫自己思考一些开心的事情：我不必忍受疼痛，有一个可爱的女儿，拥有视力和听力，能听电台播放的欢快音乐，能够阅读书籍，品尝美味的食物，还有许多好友。我很快乐。很多人来探视我，医生不得不在门口挂上一个牌子，限制探访时间。

"9年过去了，我生活得充实快乐。对于卧床静养的一年时间，我心中充满了深深的感激，它是我在亚利桑那州度过的最有价值和快乐的一年。我至今仍保留着那时养成的习惯，每早细数幸运之事——它们是我最宝贵的财富。因为恐惧死亡我才开始思考生活，对此我十分惭愧。"

亲爱的露西尔·布莱克，你也许还不知道，你的感悟与200年前塞缪尔·约翰逊博士的观念不谋而合。约翰逊说："关注每件事情好的一面，这个习惯胜过每年赚取1000英镑。"

塞缪尔·约翰逊博士

这句话并非出自一个天生的乐观主义者之口。此人缺衣少食20余年，饱尝焦虑，最后成为了那个时代杰出的作家和健谈之人。

洛根·皮尔索尔·史密斯的几句话蕴含了很多的智慧。他说："人生有两个目标，一个是得到你想要的，一个是享受你得到的。只有最睿智的人才能做到第二点。"

你想知道，如何把洗碗变成一次激动人心的经历吗？如果你想知道，不妨读读《我想看到》这本励志著作。这本书的作者博格希尔德·达尔是一位失明半个世纪的妇人，她用令人难以置信的勇气写道：

"我仅有一只眼睛，上面还覆盖着密集的疤痕。我只能通过左眼的一条细缝看东西。看书的时候，我必须把书凑到眼前，还得把眼睛尽可能地往左边斜视。"

但是，她拒绝怜悯，拒绝被认为"与众不同"。小的时候，她想和小伙伴玩跳房子的游戏，可她看不到地上的格子线。小伙伴回家之后，她在地上匍匐爬行，用那仅有的一只眼睛观察格子线，并牢记在心。不久之后，她成为了这个游戏的行家。她在家看书的时候，只能将印着大号字体的书籍举到眼前，以至于睫毛碰到了书页。她获得了两个学位，一个是明尼苏达州立大学的学士学位，另一个是哥伦比亚大学的艺术硕士学位。

起初她在明尼苏达州特温瓦利村教学，后来，她成了奥古斯塔纳学院新闻学和文学教授，在那儿工作了13年。她在妇女俱乐部做演讲，在电台主持"著作与作者"节目。"在我内心深处，"她写道，"潜藏着担心完全失明的恐惧。为了克服恐惧，我采取了一种快乐，几乎戏谑的生活态度。"

1943年她52岁。这时，奇迹出现了。她在著名的梅育诊所接受了一次手术，视力达到了原来的40倍。

一个全新的世界呈现在她的面前。即使在厨房洗碗，她也能够发现莫大的乐趣。"我在洗碗槽里玩起了肥皂泡沫。我抓起一把小小的肥皂泡沫，在灯光下仔细观看。我发现，每个泡泡里都有一道小小的绚丽彩虹。"

她透过洗碗槽上方的窗户向外观望，看到麻雀拍动灰黑色的翅膀，在雪中飞舞。

肥皂泡沫和麻雀令她欣喜若狂。她在这本书的结束语中写道："亲爱的上帝，谢谢您，我要感谢您。"感谢上帝，只因为她在洗碗的时候看到了泡沫中的彩虹和雪中飞舞的麻雀。

我们生活在一个美丽如画的世界，却不知好好地欣赏。我们应该感到惭愧。

想要停止忧虑开始新生，请谨记：

细数幸福的事情，而非烦恼。

寻找自我，保持本色

我收到一封北卡罗来纳州芒特艾里的来信，写信人是伊迪丝·奥尔雷德。她在信中写道："小的时候，我很敏感和害羞。我一直比较肥胖，胖嘟嘟的脸颊使我显得更加肥胖。我妈妈思想保守，不肯让我穿艳丽时尚的服装。她常说：'宽松的衣服容易穿，紧身的衣服容易烂。'她把我打扮得十分普通。我没有参加过聚会，没有任何爱好。上学之后，我不参加任何室外活动，甚至田径运动。我完全是一种病态的害羞；我觉得自己'与众不同'，几乎无欲无求。

"长大后，我嫁给了大我几岁的老公，但是我却没有一点改变。丈夫的家人泰然自若，自信满满。他们就是那种我渴望成为却又无法成为的人。我尽力模仿他们，却无法做到，而每次的努力只会使情况变得更加糟糕，让自己更加自惭形秽。我变得紧张易怒，刻意躲避朋友。我还感到恐惧悲伤，甚至害怕听到门铃的响声。我知道自己非常失败，但我又害怕丈夫知情。于是，只要我们在公共场合，我都会假装开心，但往往又装得有点过火。我知道自己做得有点过火，随后的几天就会陷入自责，痛苦不堪。我很不开心，对生活失去了希望，甚至想到了自杀。"

什么事情改变了这位不开心妇女的生活？仅仅是她偶然间听

到的一句话。

"我偶然听到的一句话，"奥尔雷德夫人继续写道，"改变了我的整个人生。一天，我听婆婆谈起，她如何拉扯大几个孩子。婆婆说：'无论发生什么事情，我总是要求他们保持自我……''保持自我……'犹如闪电之光，让我顿悟。我找到了自己痛苦的根源：我一直在委曲求全，强迫自己适应一个并不适合的模式。

"一夜之间，我发生了翻天覆地的变化。我开始做我自己：我尝试了解自己的个性，弄清自己的为人，研究自己的优点，学习色彩和服装搭配，寻找自己的穿衣风格。我外出结识朋友，还参加了一个小小的社团。当我第一次被推选上台发言的时候，我害怕得心儿咚咚乱跳，不过，我逐渐获得了勇气。现在的我比以前梦想的更加快乐。在教育自己孩子的时候，我常常告诉他们自己从痛苦的经历中学到的教训。那就是，无论发生什么事情，都要保持本色。"

"保持本色的问题就像历史一样悠久，"詹姆斯·戈登·吉尔基博士说，"就像人类生命一样普通。"不愿保持本色是许多神经机能疾病、心理疾病和情绪低落的潜在起因。安杰洛·帕特里写了13本幼儿教育专著，还在多家报刊发表了千余篇相关论文。他说："渴望做他人的人是世界上最痛苦的人。"

渴望做他人在好莱坞十分流行。好莱坞著名导演萨姆·伍德说，他在启发青年演员的时候，遇到的最头痛的问题就是让他们保持本色。可是，年轻演员总是想成为拉纳·特纳二世，或者克拉克·盖博三世。"公众对此已经感到厌倦，"萨姆·伍德说，"他们需要新鲜的东西。"

拍摄《万世师表》、《战地钟声》之前，萨姆·伍德曾经营房地产生意多年，形成了独特的销售理念。他说，商场上的原则同样适用于拍摄电影。模仿猿人，或者鹦鹉学舌都不会让你有所建树。"经历告诉我，要尽快放弃假装他人。"萨姆·伍德说。

最近，我拜访了飞马牌石油公司人事主管保罗·博因顿。我向他咨询，求职者所犯的最大错误是什么。他曾面试过60000名求职者，撰写了《谋职六技巧》一书，所以应该深谙此道。他回答说："求职者犯的最大错误是不愿保持本色。他们不能做到放松和坦诚，总是试图给你想要的答案。"但是，一切都是徒劳。正如没人喜欢假钞票一样，谁也不愿雇请一位伪君子。

在走了一段弯路之后，一位电车售票员的女儿才领悟到这点。她想成为一名歌星，但长相并不出众，还长着一张大大的嘴巴和满嘴龅牙。当她第一次在新泽西州一家夜总会唱歌的时候，她试图用上嘴唇遮盖住牙齿，尽可能表现得尽善尽美。结果呢？她出尽了洋相，颜面尽失。

然而，一位在夜总会听过她唱歌的人却认为她是个天才。"看，"他直言不讳地说，"我一直在看你表演，知道你在试图掩

克拉克·盖博

此图为《乱世佳人》剧照。在该片中克拉克·盖博扮演男主角，名噪一时。

饰什么。你因为自己的牙齿感到羞愧。"他不顾她的尴尬，继续说道："那又怎样？难道长了龅牙就罪不可赦吗？不要掩饰它们，张开嘴巴尽情地唱吧。当听众看到你不再羞愧的时候，他们会喜欢你的。再说了，你试图掩饰的牙齿说不定会给你带来好运呢！"

卡丝·戴利听从了他的建议。从那个时候开始，她不再在意自己的牙齿，一心只想着听众。她张开嘴巴，热情欢快地唱歌，最终成了电影界和广播界的巨星。现在，许多喜剧演员都模仿她。

著名的威廉·詹姆斯说过，那些没有发现自我的人仅仅开发了10%的潜能。"与我们的能力相比，"他写道，"我们只是处在半清醒状态，只是利用了我们生理和心理资源的一小部分。大体上来讲，虽然我们具有各种潜能，但人类已经习惯，不知道如何利用它了。"

你和我有如此强大的能力，干吗还要把时间浪费在忧虑上呢？在这个世界上，你是一个全新的人。自从盘古开天辟地以来，没有谁和你完全一模一样。你之所以是你，皆因你父母各自的24个染色体所决定。这48个染色体的构成决定了你所继承的一切。阿姆兰·沙伊费尔德说："每个染色体包含有几十到几百个基因，在某些情况下，一个基因就能改变个体。"千真万确，我们就是这样"既可怕又奇妙"地造就的。

即使你的父母相遇并结合，生下你的几率也只有亿万分之一。换言之，假若你有亿万个同胞兄弟姐妹，他们也不会和你一模一样。这一切都是猜测吗？不，这是科学事实。如果你想了解更多信息，不妨去图书馆借阅阿姆兰·沙伊费尔德的《你与遗传》。

我之所以在这儿大谈特谈保持本色，因为我对此深有体会。

我知道我在说些什么，因为我为此付出了惨痛的代价。我从密苏里州乡下来到纽约，加入了美国喜剧艺术学院，希望成为一名演员。我认为这是一个绝妙的好主意，一个万无一失、通向成功的捷径。我简直无法理解，为什么那么多雄心壮志的人没有发现这点。我的想法就是向约翰·德鲁、华特·汉普登和奥蒂斯·斯金纳等演员学习，模仿他们的优点，成为闪亮的新秀之星。多么愚蠢和荒唐啊！我浪费了多年的时间去仿效他人，最后才意识到：我必须保持本色，我不可能成为他人。

那次令人忧伤的经历应该让我终生难忘，但事实并非如此。我太愚蠢了，几年后又重蹈覆辙。当时我开始写作，希望能写一部商务演讲的最佳著作。与前面学习表演一样，这个主意愚不可及。我从许多著作中借鉴了很多观点，然后汇总到一本书中。我参阅了几十部关于演讲的著作，花费了一年的工夫，把它们的精华融汇到我的书中。最后我才恍然大悟，知道自己又做了件傻事。这本包罗许多他人思想的著作其实就是一本大杂烩，它枯燥乏味，根本引不起读者的兴趣。我把一年的成果撕碎，扔进了垃圾篓。我对自己说："你是戴尔·卡耐基，有自己的缺点和局限。你不可能是他人。"我放弃了集他人优点于一体的念头，而是立即着手，以一位演说家兼教师的身份，依据我的经历、观察和理念，撰写一本公共演讲的教科书。我从沃尔特·罗利爵士身上学到了一课（我不是指沃尔特爵士把大衣扔到泥里为女王铺路的行为，而是1904年他成为牛津大学英国文学教授的事迹）。他说："我不能撰写一本与莎士比亚著作相媲美的巨著，但是，我可以写一本自己的书。"

正如欧文·贝林给已故的乔治·格什温的忠告所说：保持本色。当贝林和格什温第一次相遇的时候，贝林已经闻名遐迩，而格什温还是一位默默无闻、周薪35美元的年轻作曲家。贝林十分欣赏格什温的才能，愿意提供给他一份工作。格什温做贝林的音乐秘书，薪水是原来的3倍。"但是，你最好不要接受这份工作，"贝林建议，"如果你做这份工作，你也许会成为贝林第二；如果你保持本色，有朝一日你会成为独一无二的格什温。"

格什温听从了贝林的建议，逐步成为了那个时代杰出的作曲家。

我在此反复强调的这个道理，查理·卓别林、威尔·罗杰斯、玛丽·玛格丽特·麦克布蕾、吉恩·奥特里等数以千计的人都在学习。他们都像我一样，付出了沉重的代价。

卓别林刚开始拍电影的时候，导演一直坚持，让他模仿德国一位著名的喜剧演员。卓别林一直默默无闻，直到最后形成了自己独特的表演风格。鲍勃·霍普也有过同样的经历。他从事歌剧表演多年，一直没有什么名气。后来，他发现了自己讲调皮话的才能，才得以崭露头角。威尔·罗杰斯在杂耍中表演抛绳多年，却从未在舞台上说过一句话。后来，他发现了自己独特的幽默天分，开始一边抛绳一边插科打诨，这才声名鹊起。

玛丽·玛格丽特·麦克布蕾刚刚进入播音领域的时候，她一直试图模仿一位爱尔兰的喜剧演员，却以失败告终。当她展示密苏里乡村女孩淳朴的时候，她成了纽约播音界最受欢迎的广播之星。

当吉恩·奥特里试着抛弃自己的德克萨斯口音，装扮成一位纽约都市男孩的时候，得到的只是嘲笑。当他开始弹奏班卓琴，

卓别林雕像

卓别林（1889-1977）：英国著名喜剧演员、导演。其电影代表作有《城市之光》《摩登时代》《大独裁者》《寻子遇仙记》《淘金记》和《马戏团》等。

演唱西部牛仔民歌的时候，他的事业达到了巅峰，他也成了著名的歌手。

你在世界上独一无二，你应该为此感到庆幸，应该充分利用大自然赋予你的才能。总之，所有的艺术都带有自传的色彩。你只能唱自己的歌，画自己的画。你只能由你的经历、环境和遗传造就。无论好坏，你必须侍弄自己的花园；无论好坏，你必须在生活的管弦乐队中弹奏自己的乐器。

爱默生在散文《自助》中写道："在每个人的教育中，他会在某一时刻明白，妒忌是愚昧，模仿就是自杀。无论是好是坏，他都应保持本色。虽然广阔的宇宙充满了许多事物，但是如果想有所收获，关键就是，他要在属于自己的土地上辛勤耕作。他拥有的这种能力在本质上是全新的，谁也不知道他的能力，而他也只有经过尝试才会知道。"

我们不妨看看已故的道格拉斯·马洛赫的一首小诗：

假如不能成为山顶的青松，

那你就做山谷中的一棵小树，

但须是溪边最好的树！

假如你做不成小树，

那就做一丛灌木。

如果做不成灌木，

那就做一棵小草，

点缀在高速路旁。

假如做不成大梭鱼，

那就做一条鲈鱼，

但须是湖中最活泼的！

我们不可能都做船长，

但可以做船员，

总有一些事情适合我们。

无论工作大小，

我们须做好手头最近的。

假如你做不了高速路，

那就做一条铁路；

如果你做不成太阳，

那就做一颗星星。

不能凭大小断定输赢，

最好的就是保持本色！

要想得到内心的平静和远离忧虑，谨记：

切勿模仿他人。请寻找自我，保持本色。

若有一个柠檬，那就做成柠檬水

在撰写此书的时候，我利用一天的时间专程拜访了芝加哥大学的名誉校长罗伯特·梅纳德·哈钦斯，向他请教如何远离忧虑。他回答说："西尔斯与罗马克公司的总裁——已故的朱利叶斯·罗森沃德有一条忠告：如果你有一个柠檬，那就用来做柠檬水。我一直在遵循这个原则。"

伟大的教育家也是如此行事，但蠢人却恰恰相反。如果他发现生活给了他一个柠檬，他会把柠檬丢掉，嘟嘟哝哝地说："我完了。这就是命运，竟然没有给我一个机会。"然后，他继续抱怨着世界的不公，沉溺在无尽的自怜之中。但是，当智者得到一个柠檬，他会说："我从这次不幸中能够学到什么？我怎样才能改变周围的环境？我如何把这个柠檬做成柠檬水？"

伟大的心理学家阿尔弗雷德·阿德勒倾其一生，研究人类本身及其潜能。他声称，人类充满奇迹的特征之一就是"具有反败为胜的力量"。

下面的故事有趣，而且振奋人心。故事的主人公名叫塞尔玛·汤普森，住在纽约城莫宁赛德大道100号。"战争期间，"她这样讲述自己的经历，"我丈夫驻守在新墨西哥州莫哈韦沙漠附近的军营，我也随他去了那儿。我对那里充满了厌恶，甚至有点憎恨，我从来没有这么痛苦过。丈夫奉命在莫哈韦沙漠演习，我独守在破烂的小屋里。天气炎热，即使仙人掌阴影下的气温也高达华氏125度。周围都是不会讲英语的墨西哥人和印第安人，根本无人与我交谈。风吹个没完没了，食物也令我讨厌，就连呼吸的空气中也弥漫着沙子。

"我很痛苦，觉得自己非常倒霉。我写信给父母，告诉他们我想回家。我宁愿坐牢，也不愿在那儿多待一分钟。父亲的回信仅有两行字，却深深地刻在了我的脑海中，并且彻底改变了我的人生。

> 两个人从监狱的铁窗往外看，
>
> 一个看到了烂泥巴，一个看到了漫天星辰。

"我反复诵读这两行诗句，为自己感到惭愧。我下定决心，要寻找当下环境中美好的事物，我要寻找星星。

"我与当地人交朋友，他们的反应令我惊愕。我对他们的织物和陶瓷深感兴趣，而他们竟然把拒绝卖给游客的心爱之物送给了我！我研究仙人掌、丝兰和约书亚树，观察草原犬鼠，欣赏大漠落日，收集那些因300万年前地壳变化留下的大海贝壳。

"这些变化给我带来了什么呢？莫哈韦沙漠没有发生变化，印第安人没有发生变化，但我自己却发生了变化。我改变了心态，一段痛苦的经历变成了我人生中最有趣的冒险。我发现的新世界充满了乐趣和刺激，为此我写了一本书，书名叫做《艳丽的壁垒》……我跳出了自造的监狱，看到了美丽的星空。"

公元前500年，希腊人宣扬这样一条真理：最美好的事情往往最难得到。塞尔玛·汤普森领悟到了它的真谛。

哈里·爱默生·福斯狄克在20世纪对此进行了重申，"真正的快乐也许并不令人愉悦，而更多的是一种胜利"。不错，快乐来自某种意义上的收获和成功，也就是将柠檬做成柠檬水。

我曾经拜访过佛罗里达一位快乐的农场主，他就有本事把毒柠檬做成了柠檬水。当初他买下农场的时候，垂头丧气——这块土地非常贫瘠，不能种植果树，也不能养猪，却盛产栎木丛和响尾蛇。后来他突发奇想，把缺点转化成了财富。他在响尾蛇上做文章，居然生产了蛇肉罐头。我拜访他的时候，每年有20000名游客到农场参观，生意非常兴隆。响尾蛇尖牙上的毒液用船运到实验室，制成了血清，蛇皮则制成了价格昂贵的女式皮鞋和手提包，蛇肉罐头销往世界各地。我还特地从当地邮局寄出一张明信片，以示纪念。为了表达对这位将毒柠檬变为甜柠檬的农场主的崇敬，此地被重新命名为佛罗里达响尾蛇村。

因为常在全美旅行，我有幸见证了许多"反败为胜"的事例。

已故的威廉·博莱索是《十二个人力胜天的人》的作者。他说："生命中最重要的事情不是拿拥有的东西做资本，任何一个傻子都可以做到，真正重要的是从损失中获利。这需要智慧，也是智者和傻瓜的区别。"

博莱索在一次火车事故中失去一条腿后，他说了上述一番话。我认识的另外一个人，也证实了人具有反败为胜的力量。他就是本·福特森——一位失去双腿的男子。我在亚特兰大的一家饭店的电梯里遇到了他。我刚刚踏进电梯，就注意到了轮椅上的这位快乐男士。电梯停在他要去的楼层的时候，他礼貌友好地问我，是否愿意挪到角落，以便他把轮椅驶出电梯。"对不起，麻烦您了。"他微笑着说。

我走出电梯，回到房间，满脑子都是这位快乐残疾人的身影。我找到他的房间，恳求他讲述自己的经历。

"那是1929年，"他说道，"我出去砍了许多山核桃树枝，用来为花园的豌豆搭架子。我把树枝装上车，准备回家。急转弯的时候，一根树枝滑了下来，卡在了方向盘上。汽车冲向旁边的路堤，把我掷到了一棵树上。我的脊椎因此受伤，双腿只得截肢。那时我才24岁，却再也不能行走。"

24岁就被宣判今后只能在轮椅上度过，他是如何勇敢地接受这个事实的呢？"那时我根本接受不了。"他说当时自己非常愤怒，不断地抱怨命运。但是随着时光的流逝，他发现自己的愤怒只能带来痛苦。他说："我体会到，别人对我十分友善，而且彬彬有礼。我想自己至少对他人也应如此。"

我问他，多年以后他是否觉得那是一场可怕的不幸。他立刻回答说："不，我为此感到庆幸。"他说，在震惊和愤怒之后，自己开始了一种全新的生活。他开始读书，并且喜欢上了文学。

在14年的时间里，他读了1400本著作，不仅开阔了视野，也丰富了自己的生活。他开始听优美的音乐，以前觉得沉闷的交响乐竟然令他激动不已。最大的变化是他开始思考。他说："我在人生中第一次认真地观察这个世界，并找到了正确的价值观。我开始明白，以前的奋斗一文不值。"

读过许多著作以后，他对政治产生了兴趣，开始研究公共问题，坐在轮椅上演讲。他开始了解人们，人们也开始认识他。今天，本·福特森仍然坐在轮椅上，却已经担任了佐治亚州政府的秘书长一职。

在过去的35年间，我一直在纽约从事成人教育工作。我发现，许多成年人的最大遗憾是没有读大学。他们似乎认为，这是人生最大的憾事。其实我知道，这些并不重要——许多的成功人士高中都没有毕业。因此，我常常给学生讲述一个故事，主人公是一位小学都没毕业的成功人士。他生活在一个贫困的家庭，父亲去世的时候，幸亏亲友凑份子，才得以下葬。母亲在一家雨伞厂上班，一天工作10个小时。下班以后，她还要带上计件工作回家，一直做到深夜11点钟。

在这种环境下长大的男孩加入了当地教会的表演俱乐部。他发现表演非常有趣，并开始培养自己的演讲能力，这使得他后来进入了政界。将近30岁的时候，他当选为纽约政府立法人员，但是他对这个职务没有任何准备。他坦诚地对我说，他对此一窍不通。他开始研读冗长、复杂的法案，却发现它们像天书一样难以理解。后来，他当选为森林委员会成员，心里充满了忧虑和迷茫，因为他对森林一无所知；再后来他当选为州立银行委员会委员，他十分茫然，因为他一个银行账号都没有。他十分气馁。如果不是羞于向母亲承认自己的失败，他会辞去立法职位。绝望之中，他决心一天学习16个小时，把无知的柠檬变为知识的柠檬水。通过不懈的努力，他从一位地方政客华丽变身，成为全国知名人物。他被《纽约时报》评为"纽约最受爱戴的市民"。

他就是阿尔·史密斯。

在经过10年的自学政治生涯之后，阿尔·史密斯成了纽约州政府最高领导人。他创造了一个前所未有的纪录——连续4次当选纽约州长。1928年，他被推荐为民主党总统候选人。他小学未曾毕业，却被哥伦比亚大学和耶鲁大学在内的6所名校授予名誉学位。

阿尔·史密斯告诉我，如果他没有一天工作16个小时，如果他没有反败为胜的力量，所有的一切都不会发生。

尼采对超人的定义是："不仅要在必要之时振作精神，而且还要喜欢振作"。

我对那些成功人士研究得越多，我就越发深信，绝大部分人的成功源于缺陷对他们的激励。他们因为缺陷而加倍努力，最后得到回报。正如威廉·詹姆斯所说："缺陷会带给我们意想不到的收获。"

的确如此。如果弥尔顿没有失明，他也许创作不出优秀的诗歌；如果贝多芬没有失聪，他也许创作不出流芳百世的乐曲。

海伦·凯勒的辉煌事业大概也得益于她的失明和耳聋吧。

如果柴可夫斯基没有遭受挫折——他差点因不幸的婚姻而自杀——如果人生没有那么悲惨，他可能创作不出不朽的交响曲《悲怆》。

尼采像

弗里德里希·威廉·尼采（1844—1900），德国著名哲学家，西方现代哲学的开创者，同时也是卓越的诗人和散文家。其代表作有《悲剧的诞生》、《查拉图斯特拉如是说》、《权力意志》等。

《贝多芬肖像》 | 明信片

路德维希·凡·贝多芬（1770—1827），德国作曲家、钢琴家、指挥家，维也纳古典乐派代表人物之一，被尊称为乐圣。

如果陀思耶夫斯基和托尔斯泰没有经历生活的磨难，他们也许创作不出名垂千古的佳作。

"如果我不是一个病人，"一位改变了地球上生命科学观的人写道，"我可能完成不了这么多的工作。"这是查尔斯·达尔文的原话。他承认，缺陷给他带来了意想不到的收获。

达尔文在英格兰诞生的同一天，另外一个婴儿降生在肯塔基州的一座小木屋里。他就是亚伯拉罕·林肯，他的经历同样验证了这句至理名言。如果成长在贵族世家，获得哈佛大学的法律学位，有一桩美满的婚姻，他不会在葛底茨堡说出那些肺腑之言；他也不会在二次就职演讲中，说出如此美妙如诗的语言："不要对任何人有恶意，要对所有的人心怀感激……"

哈里·爱默生·福斯狄克在其著作《洞视一切》中写道："斯堪的纳维亚人有句俗话，我们可以以此作为励志口号，即：北风造就了北欧海盗。我们从哪儿得到这个观念，觉得安全舒适的生活一定让人开心快乐？未必如此。一个人躺在松软的床垫上，却沉浸在自怜中，他怎么会快乐呢？纵观古今，无论环境好坏，只有人们肩负起责任，才会造就他们的性格和幸福。因此，我们要牢记：北风造就了北欧海盗。"

如果我们垂头丧气，认为没希望将柠檬做成柠檬水。这儿倒是有两个原因鼓励我们尝试。无论如何，我们都会只赚不赔。

原因一：我们可能会成功。

原因二：即使我们失败了，我们反败为胜的尝试只会推着我们前进，而不是后退。积极的思想定会代替消极的思想。它不仅仅会激发我们的创造力，也会让我们忙碌起来，无暇担忧已经失

柴可夫斯基不快乐的婚姻

柴可夫斯基（1840—1893）：俄罗斯最伟大的作曲家，代表作有《天鹅湖》、《睡美人》、《胡桃夹子》等。

陀思妥耶夫斯基（1821—1881）·19世纪俄国文学的卓越代表·与列夫·托尔斯泰齐名·评论家说：『托尔斯泰代表了俄罗斯文学的广度·陀思妥耶夫斯基则代表了俄罗斯文学的深度·』右图上面是陀思妥耶夫斯基的画像·下面则是作家为自己写的一段评语·

陀思妥耶夫斯基

去的东西。

奥利·布尔是世界著名的小提琴演奏家，在巴黎的一场演奏会上，发生过一件小插曲。演奏过程中，他的小提琴A弦突然断了。奥利·布尔却用另外三根琴弦，演奏完了整支曲子。哈里·爱默生·福斯狄克说："这就是生活，A弦断了，你须用另外三根琴弦完成整支曲子。"

这不仅仅是生活，它比生活蕴含着更多的东西。它是生命的胜利!

如果可能，我想把威廉·博莱索的话刻在青铜上，挂在世界上每所学校的教室里：

"生命中最重要的事情不是拿拥有的东西做资本，任何一个傻子都可以做到，真正重要的是从损失中获利。这需要智慧，也是智者和傻瓜的区别。"

要想得到内心的平静和远离忧虑，谨记：

当命运给我们一个柠檬，要试着把它做成柠檬水。

如何在两周治愈忧郁症

在开始撰写此书之前，我设立了200美元的奖金，用于奖励《如何征服忧虑》征文比赛的优胜者。

比赛的三位评委是东方航空公司总裁埃迪·里肯巴特，林肯纪念大学校长斯图尔特博士，以及广播新闻分析员赫·维·卡伦博恩。然而，在收到的故事中有两篇优秀故事各有千秋，难分伯仲。因此，我们平分了奖金。下面是获奖故事之一，作者是家住密苏里州斯普林菲尔德商业街1067号的查·拉·伯顿（他在威姿摩托销售公司工作）。

"我在9岁的时候失去了母亲，12岁的时候失去了父亲，"伯顿先生写道。"父亲因为意外事故去世，母亲却在我9岁时离家出走。此后我再也没有见过她，还有与她一起离开的两个妹妹。她在离家出走后的7年里，没有给我写过一封信。当时，父亲和一位合伙人在密苏里小镇共同经营一家咖啡馆。父亲出差的时候，合伙人转让了咖啡店，携款私逃。父亲的朋友发了一封电报，催促父亲返回。仓促之中，父亲在堪萨斯的萨利纳斯遭遇车祸，不治而亡。父亲的两个妹妹生活贫困，而且疾病缠身。她们收养了3个孩子以后，已经无能为力。没有人愿意收留我和弟弟。我们在小镇上孤苦伶仃，害怕被人称作孤儿，视作孤儿。不久，我们的恐惧成为了现实。我被小镇上一个贫困的家庭收养，但是日子艰难。家里唯一的支柱失去了工作之后，他们再也无力抚养我了。后来，洛夫廷夫妇收养了我，我开始在距离小镇11英里的农场生活。洛夫廷先生70岁，因患带状疱疹卧床休养。他说，只要我不撒谎、偷窃和听话，我可以永远与他们一起生活。这三个要求成了我的人生准则，我一直严格遵守它们。我开始上学，但在上学的第一周，我放学回到家里，像个婴儿一样号啕大哭——其他孩子嘲笑我的大鼻子，说我是一个呆瓜、一个孤儿。我受到伤害，很想与他们打上一架。不过，洛夫廷先生告诉我：'记住，真正的男子汉不屑于打架斗殴。'我一直谨记他的教导，直到一天，有个男孩将鸡粪砸到我的脸上，我狠狠地将他揍了一顿。此举为我赢得了几个朋友，他们都说那个男孩罪有应得。

"洛夫廷太太给我买了一顶帽子，我非常喜欢。一天，一个比我大的女孩从我头上抢走帽子，她用水揉搓帽子，把它弄得一塌糊涂。她说此举是为了浇醒我那愚笨的脑袋，使其变得聪明。

"我从不在学校哭泣，但经常在家大哭。一天，洛夫廷太太给了我一些忠告，教我如何化敌为友，远离麻烦和忧虑。她说：'拉尔夫，如果你关心他们，看看能为他们做些什么，他们就不会嘲笑你，把你叫做孤儿了。'我听从了她的建议。我刻苦学习，很快就成了班上的尖子生。我总是助人为乐，所以，谁也不妒忌我。

"我帮助几个男生写作文，帮助另外一些男生撰写辩论稿。一个男生羞于让父母知道我在帮他，因此他常对母亲说他出去捉负鼠来着。然后，他会来到洛夫廷先生的农场，把狗拴在谷仓里面，让我帮助他补习功课。我还帮助一个男生写过书评，用了几个晚上的时间帮一个女生补习数学。

"不幸袭击了我们的邻居：两位年迈的农场主告别人世，一位妇人被丈夫抛弃。作为四个家庭唯一的男性，2年来，我一直帮助这几位寡妇。在上下学途中，我帮她们劈柴、挤奶、喂养家畜。我不再受人奚落，而是被人称赞。我成了大家的朋友。我从海军退役回家的时候，第一天竟然有200多人过来看我，其中还有人驱车80英里，专程从外地赶来。他们对我的关心非常真诚。由于我一直忙忙碌碌，快乐助人，我很少烦恼。13年过去了，没有谁再把我当做孤儿。"

让我们为查·拉·伯顿先生鼓掌！他知道如何结交朋友，也知道如何克服忧虑，享受生活。

已故的富兰克林·卢珀博士也是如此。他生前住在华盛顿州的西雅图，因关节炎瘫痪了23年。《西雅图星报》的斯图特·怀特豪斯写信给我说："我曾多次采访过卢珀博士，从未见过比他更无私、更善待人生的人了。"

这位卧床不起的残疾人士是如何享受生活的呢？我给出两个答案，以便诸位猜测：难道他是通过抱怨和愤怒吗？难道他沉浸在自怜中，强求别人围着他转吗？答案都是否定的。其实，他采用了威尔斯王子的格言作为自己的座右铭，即"我服务于人"。他记录了许多残疾人的姓名和地址，给他们写洋溢着快乐与激励的书信。事实上，他组建了一个残疾人互通信件的俱乐部，最后发展成了一个全国性的残疾人社团。

他虽然躺在床上，却平均每天写1400百封信件，借助广播和书籍给千千万万的残疾人带去了福音和快乐。

卢珀博士与他人的最大不同是什么呢？他内心拥有一个伟大的目标，一个神圣的使命。他拥有快乐，因为他知道，比自身高尚和重要的信念能够带来快乐。正如萧伯纳所说："以自我为中心的人，会因一点不快而抱怨世界让他不快乐。"

著名的心理专家阿尔弗雷德·阿德勒做过这样一个论断。他常对自己的忧虑症患者说："每天试着如何使一个人快乐，如果你能做到，两周之内，你的忧郁症将会不治而愈。"简直太令人称奇了。

这个建议太神奇了，所以，我特意从阿德勒博士的经典著作《人生的意义》（这是一本值得一读的好书）中节选了几段，进行详细解读。

忧郁症是患者为了得到关心、同情和支持，对他人长期怀有的愤怒责备。患者似乎也会因为自己的内疚感到沮丧。通常情况下，忧郁症患者的第一个回忆是："我记得自己想躺到长沙发上，可是哥哥已经抢先躺在了上面。我为此大哭不止，直到他不得不离开。"

阿德勒像

忧郁症患者倾向于以自杀的方式对自己惩罚。医生首先要注意的是，避免给他们自杀的借口。我给病人的首要治疗建议是：不要做自己不喜欢的事情。唯有这样，他们的紧张才能得到缓解。这条准则似乎无关紧要，但我相信，这是一切问题的根源。如果忧虑症患者能够做自己想做的任何事情，他还能去指责谁呢？他还有什么理由对自己惩罚呢？"如果你想去电影院，"我告诉他们，"或者去度假，那就开始行动吧。如果你在中途改变了主意，那就打道回府。"对于任何人来说，这都是一个极好的境况。它能满足患者的优越感，让患者有种做上帝的感觉。不过，这种境况融入他们的生活，却并非轻而易举。

他想支配和指责他人。如果一切都顺从他，他也就失去了支配他人的理由。这个准则十分有效。迄今为止，我的病人还没出现过一例自杀。

但是，患者通常会说："没有我喜欢做的。"我常常听到这样的答案，对此早有准备："那么，你就克制自己，不去做你不喜欢的。"有时他会说："我喜欢整天躺在床上。"我知道，如果我应允了，他将失去兴趣；如果我不应允，则会掀起一场轩然大波。

另外一个准则对他们的生活方式的影响更加直接。我告诉他们："每天试着如何使一个人快乐。如果你能遵守此条建议，则可以在10天之内康复。"诸位想知道，这对他们意味着什么吗？"为什么要关心他人"，他们的内心充斥着这个想法，而他们的答案也很有趣。有人会说："这对我来说易如反掌。我一生都是这样做的。"可事实并非如此。我要求他们考虑我的建议，他们也无法做到。我告诉他们："你可以利用自己躺在床上睡不着的时间，思考一下如何取悦他人。这对你的健康大有裨益。"第二天我们相遇的时候，我询问他们考虑的结果。他们会说："昨晚我一上床就睡着了。"当然，你在做这一切的时候，必须采用一种舒适友好的方式，不能流露出任何优越感。

另外一些病人会说："我很忧虑，无力做其他的事情。"我会告诉他们："你们不必停止忧虑，但是，你们可以同时考虑一下他人。"其实，我是想把他们的注意力转移到伙伴身上。许多人会问："我为什么要取悦他人？他们又不取悦我。"我会告诉他们："你必须为自己的健康着想，而他人也许会为此吃尽苦头的。"很少有患者说："我认真考虑了你的建议。"我所做的努力就是想把患者的注意力转移到社交方面。他们真正的病因是缺乏交流沟通，我想让他们认识到这点。只要病人能把他人放在平等合作的地位，他的康复也就指日可待了……基督教有一条最难得的教义，就是"爱邻里"……那些对他人没有兴趣的人，生活里才会麻烦重重，频频给他人造成伤害。我们对人的要求以及最高的评价，莫过于一位好同事、一位好朋友、一位好伴侣罢了。

阿德勒博士极力劝说我们日行一善。可是，什么是善行呢？先知穆罕默德曾说："善行就是给他人带来快乐。"

为什么日行一善有如此大的作用？因为取悦他人，会让我们停止关注自我。而关注自我正是忧虑、恐惧和忧郁的根源所在。

威廉·穆恩太太在纽约第五大道的521号开办了一所穆恩秘书学校。她在不到两周的时间内驱除了忧郁，从而证实了阿尔弗雷德·阿德勒的疗法。其实，她只用了一天时间——一对孤儿的出现治愈了她的忧郁症。

　　事情的经过是这样的。"5年前的12月，"穆恩太太说，"我沉浸在悲伤和自怜中。与我幸福地相守了7年的丈夫辞别人世。圣诞节越来越近，我的悲伤却越来越多。在我的人生中，我还从未独自过过圣诞节。所以，我害怕圣诞节的来临。朋友邀我与他们共度佳节，可是我知道，自己会触景伤情，所以我婉言谢绝了他们的好意。圣诞节临近，我的自怜越发严重。事实上，正如我们应该对许多事物心怀感激一样，我对许多事情也应该心存感激。平安夜那天下午3点，我离开了办公室，漫无目的地在第五大街游逛，希望以此赶走心中的自怜和忧郁。大街上到处都是快乐的人群，此情此景，让我想起了以前的快乐。我实在难以想象，自己如何忍受公寓的冷清。我很迷茫，眼泪悄无声息地落了下来。我在街头逛了一个小时以后，发现自己站在一个公共汽车的终点站。我记得，自己过去常和丈夫登上不熟悉路线的公车，去冒险一番。于是，我登上了自己看到的第一辆公车。车子驶过哈德逊河不久，我听到售票员说：'女士，最后一站到了。'我下车，来到一座不知名的小镇。小镇宁静优美。在等待下班公车的时候，我在附近居民区闲逛了一会儿。我经过一座教堂，听到了悠扬的《平安夜》旋律，不由自主地走了进去。除了一名风琴手以外，教堂里别无他人。我在一个不起眼的角落里坐了下来。圣诞树上装饰着五彩缤纷的灯饰，仿佛天空中不计其数在月光下跳动的星星。由于早上没吃早餐，再加上非常疲惫，忧心忡忡，我在优美的音乐中竟然迷迷糊糊地睡着了。

《**牧人朝拜**》┃意大利┃吉兰达约

"醒来的时候，我早忘了自己身在何处。我有点害怕。这时，我看到面前站着两个衣衫破旧的小孩。显而易见，他们是进来看圣诞树的。其中一个女孩指着我说：'我在想，她是不是圣诞老人送来的礼物。'看到我醒来，两个孩子吓了一跳。我告诉他们，自己不会伤害他们。我问及他们的父母，这才得知他们是孤儿来着。看着两个比我处境还要糟糕的孤儿，我为自己的悲伤和自怜感到惭愧。我与他们一起观赏那株漂亮的圣诞树，然后，我带他们去了杂货店，给他们买了许多的糖果和小礼物。我的孤寂竟然奇迹般地消失了。两个孩子给我带来了几个月里不曾有过的快乐和忘我。我与他们闲谈，意识到自己是多么的幸运！我感谢上帝，让我儿时有父母的关心与疼爱，让我儿时的圣诞节充满了快乐。相比而言，两个孩子带给我的东西远远多于我给他们的糖果。那次经历使我明白，取悦他人就是使自己快乐。快乐具有感染力，我们付出了，才会有所收获。通过帮助和关心他人，我克服了忧虑、悲伤和自怜。我感觉自己得到了新生，不仅仅是那个时刻，而是永远。"

忘记自我，重拾健康和快乐的故事数不胜数，我可以据此撰写一部巨著。我们不妨再来看看玛格丽特·泰勒·耶茨的故事，她可是美国海军军人最喜爱的女性之一。

耶茨太太是一位小说家，不过，她本人的经历远比她创作的小说更为精彩。日军轰炸珍珠港的那个可怕的早晨，耶茨太太因心脏病已经卧床一年有余。她一天中有22个小时在床上度过，去过最远的地方是自家的花园。她在女佣的搀扶下，来到花园晒太阳。她一直以为，自己将会在床上度过余生。"如果日军没有轰

《牧羊人朝拜耶稣》｜法国｜多雷

炸珍珠港，粉碎我的自满，"她说，"我永远不可能过上正常人的生活。"

"日军轰炸珍珠港的时候，"耶茨太太说，"一切都混乱不堪。一颗炸弹在我家附近爆炸，巨大的威力把我从床上抛了下来。陆军的卡车驶进了空军基地和卡内奥赫湾机场，把陆军与海军的家属转移到安全的学校。红十字会致电有多余房间的人，请求他们收留这些家属。红十字会的工作人员知道，我的床头有一部电话。于是，他们请我做信息联络员。我记录那些军属的地址，而军人们也根据红十字会的提示，打电话联络我，询问家人的情况。

"不久我得知，我丈夫罗伯特·罗利·耶茨中校非常安全。我给那些不知丈夫生死的太太们打气，安慰那些痛失丈夫的寡妇。据报道，海军与陆军共有2117名官兵丧生，960人失踪。

"起初，我躺在床上接电话。后来，我坐了起来。最后，由于忙碌和激动，我忘记了自己的虚弱，竟然下床，坐在桌子旁边开始忙活。我帮助那些比我还要不幸的人们，忘记了自我。除了每天晚上必须睡眠的8个小时，我再也没有回到床上过。现在我意识到，如果日军没有轰炸珍珠港，我可能依然没有与病魔斗争的意志，我可能依然半瘫在舒适的床上，消极地度过余生。

"在美国历史上，珍珠港事件是最大的悲剧。但是，对我而言，它可能是一件幸运的事。那次可怕的危机给了我前所未有的力量，把我的注意力从自身转移到了他人身上。它给了我重要的生活目标，我再也无暇顾及自身。"

患者急急忙忙去看心理医生，不如仿效玛格丽特·耶茨。

这样一来，1/3的病人就能自行康复。这并非我的臆断，而是卡尔·荣格的论断，他可是这方面的专家。荣格说："在我诊治的病人中，有1/3无法找到生理上的病因。事实上，生活的空虚和没有意义才是他们疾病的根源。"换言之，他们的人生就是搭顺风车，而不是加入生活的主流。因为生活毫无目标而言，他们沉溺于自怜，最后只好求助于心理医生。这就好比他们错失了航船的时间，只会站在码头责备他人，强求整个世界满足他们自私的欲望。

你可能会说："这些故事打动不了我。如果我在平安夜遇到两个孤儿，我也会关心他们；如果我遭遇了珍珠港事件，我也愿意像玛格丽特·泰勒·耶茨一样，助人为乐。但是，我的处境完全不同：我的生活平凡乏味，工作沉闷枯燥，我一天工作8个小时，身边没有什么激动人心的事情。我怎么会有兴趣帮助他人？我为什么要帮助他人？这样做对我又有什么好处？"

很好的问题，我会试着回答。无论你的生活多么单调乏味，每天你一定会遇到许多人。你对他们做了些什么？你仅仅是视而不见，还是试着了解他们？比如邮差，他每年奔波数百英里，将信件递送到你家门口。你是否不嫌麻烦，问过他住在哪里？是否请求看看他妻儿的照片？是否问他可曾感到劳累或厌烦？

那么，杂货店的员工、送报人、擦鞋匠呢？这些人同样有烦恼、梦想和雄心壮志，他们同样需要机会，与人分享。你给他们机会了吗？你对他们或他们的生活有过真诚的关注吗？这些只不过是一些微不足道的小事，你无须成为弗洛伦斯·南丁格尔，也无须成为杰出的社会改革家，你可以从明天早上遇到的人开始，改变你的生活，改变整个世界。

"提灯女神"南丁格尔

弗洛伦斯·南丁格尔（1820—1910），她是世界上第一个真正的女护士，开创了护理事业，被誉为『提灯女神』。『5·12』国际护士节那一天，就是弗洛伦斯·南丁格尔的生日。

这些对你有什么好处？当然是更多的快乐，更大的满足和以自我为荣！亚里士多德把这种心态称为"开明的自私"。索罗阿斯特说："助人为乐不是一种职责，是一种快乐。它对你的健康和幸福大有裨益。"本杰明·富兰克林将其概括为一句话，那就是：善待他人就是善待自己。

纽约心理服务中心的理事亨利·林克说："据我看来，以科学的方式证明自我牺牲和自我约束是实现自我认识和快乐的必要条件，这是现代心理学最重要的发现。"

替他人着想不仅使你远离烦恼，还会帮助你结交许多朋友，拥有很多的乐趣。如何才能做到呢？我曾经拜访耶鲁大学的威廉·莱昂·费尔普斯教授，向他请教答案。他这样回答："无论在酒店、理发店或商店，我都会和遇到的每个人愉快地交谈。我把他们看做活生生的人，而不是机器上的一个齿轮。有时，我会赞美女售货员的眼睛或者头发；我会询问整天站着的理发师是否疲劳；他们为什么从事这个行业；他们从事这个行有多长时间，为多少人服务过；我甚至会帮着他们进行计算。我发现，我的这些举动让他们容光焕发。我常与帮我搬运行李的搬运工人握手，这会让他一整天都精神振奋，精力充沛。一个炎热的夏日，我去纽黑文铁路的火车餐车吃午饭。拥挤的车厢像一座火炉，服务的速速很慢。服务员最终给我拿来菜单的时候，我说：'今天厨师一定忙得够呛。'服务员开始愤愤不平地诅咒，起初我以为他只是生气而已。他说：'万能的上帝啊！客人们老是抱怨食物差劲，服务怠慢。他们嫌弃这里闷热，价格昂贵。这样的抱怨我已经听了整整19年，而你是第一个，也是唯一一个对厨师心存体恤

的客人。我祈求上帝，让我们拥有更多像你这样的客人。'

"'服务员之所以感到震惊，是因为我把有肤色差异的厨师当人看待，而不是铁路系统的零件，'费尔普斯教授继续说，'人们需要的只是一点点的关心。当我遇到有人遛狗的时候，我会毫不吝啬，对他的狗赞美有加。离开之后，我会回头观望，只见主人正在爱抚小狗。我的赞美又一次引起了主人的赞赏。'

"记得有一次，我在英国遇到一位牧羊人，他的牧羊犬非常聪明。我真诚地向他表达了羡慕之情，并向他求教训练牧羊犬的秘诀。离开之后，我侧头回望，看到牧羊犬双爪搭在主人的肩上，而主人正在高兴地爱抚它。我对牧羊人及其牧羊犬的关注给牧羊人带来了快乐，我也十分开心。"

一位与搬运工握手，对厨师体恤并夸奖他人牧羊犬的人，你能想象他会愁容满面、忧心忡忡地求助于心理医生吗？当然不会。中国有句俗话：赠人玫瑰，手留余香。

你不必将此话转告比利·费尔普斯教授，因为他深知此道。

如果你看过上面的故事，仍不为所动，我们不妨看看下面这个故事。一位忧心忡忡、整日不开心的女孩，最终打动了几位男士，他们纷纷向她求婚。现在，这位女孩已经成为一位祖母了。几年前，我在她居住的小镇演讲，并在她家留宿一晚。次日一早，她驾车送我去火车站，搭乘回纽约的火车。火车站距离小镇50英里，途中，我们谈起了结交朋友的事情。她说："卡耐基先生，我告诉你一些事情吧。这些事我从未告诉过他人，包括我丈夫。"（顺便说一句，这个故事可能没你想象的有趣。）她说自己在费城长大，家人一直靠社会救济金度日。她说："我年少的时候，一切不幸源自贫穷。我们从未像邻家的女孩那样宴请过朋友。我衣着寒酸，衣服不合身，而且样式老土。我为此自惭形秽，经常哭着入睡。绝望之中，我灵机一动，恳求舞伴在社交晚宴上讲述自己的经历、观念以及未来的规划。我并非对这些话题有兴趣，只是不想让他们注意到我寒酸的衣服。但是，一件奇怪的事情发生了。我听了这些舞伴的故事，从中学到了很多东西。我开始对他们的讲述充满好奇，我专注于聆听，不再在意自己的衣服。但是，令我惊奇的是，我是一位很好的倾诉对象。鉴于我经常鼓励男生讲述自己的经历，结果不仅给他们带来了快乐，也让我逐渐成了社区最受欢迎的女孩。其中3个男生还向我求婚，希望我能嫁给他们。"

读过这个章节的人可能会说："对他人的事情感兴趣，简直是胡扯！一派胡言！我对此一点也不感兴趣！我要抓住一切机会赚钱。至于其他，统统见鬼去吧！"

你有选择的权利。如果你的选择正确，那么历史上伟大的哲学家们，比如耶稣、孔子、释迦牟尼、柏拉图、亚里士多德、苏拉底、圣方济各等等，全部大错特错。如果你对宗教领袖的教诲不屑一顾，那么，你不妨看看几位无神论者的例子。首先，我们来了解阿·伊·豪斯曼先生的故事。已故的豪斯曼先生是哥伦比亚大学的教授，也是一位杰出的学者。1936年，他在哥伦比亚大学做了一场名为《诗之名与质》的演讲。他在演讲中说："耶稣说过，'人因我失去生命者，将得以永生'，这是最伟大的真理，也是最深刻的道德见解。"

我们在生活中一直听到这样的布道。但无神论者豪斯曼——一位悲观主义者——一个差点选择自杀的人，却十分清楚，如果一个人只为自己考虑，他不会从生活中获取很多，只会痛苦不堪；如果一个人忘我地服务他人，他就会发现生活的乐趣。

如果豪斯曼的例子依然不能令你信服，那么，我们再来关注一下西奥多·德莱赛的故事。他是美国20世纪最著名的无神论者。他嘲笑所有的宗教为神话故事，认为人生"毫无意义，只不过是傻瓜讲述的幻想故事而已"。但是，德莱赛却一直恪守耶稣"服务他人"的理念。德莱赛说："如果你想拥有快乐的人生，那么，你就必须为他人着想，因为你与他人的快乐相互依存。"

如果我们响应德莱赛"为他人着想"的号召，那么，让我们不再虚度光阴，从现在做起。"人生只有一次，不能重来。要行善事，我们须立即做起。"

如果你想驱除忧虑，拥有平静和快乐，谨记：

忘怀自己，关心他人。日行一善，为他人带去快乐。

《祈祷的手》┃德国┃丢勒

第五篇
消除忧虑的准则

我的父母如何消除忧虑

我在密苏里州一个农场长大。像其他大多数家庭一样，那时我的父母也处于艰难时期。我的母亲是一位乡村教师，父亲在一个农场干活，月薪12美元。母亲不仅亲自为我做衣服，连家里的肥皂也是她自己亲手制作。

家里除了每年卖猪能挣点钱，卖掉黄油和鸡蛋去商店换来面粉、糖和咖啡之外，其余时间都没有什么收入。我12岁之前，每年的零用钱不超过0.5美元。我还记得，那天我和父亲参加独立日游行，父亲给了我0.1美元的零用钱。我非常高兴，觉得全世界都属于我了！

那时，我要徒步一英里去乡间学校上学。那个学校只有一间屋子。冬天徒步上学的时候，积雪很深，气温低至零下28度。但是，我在14岁之前从未穿过橡胶鞋或套鞋。在那漫长而又寒冷的冬天，我的脚经常又湿又冷。所以，我从未想过，冬天里谁的脚既干燥又暖和。

尽管父母每天辛苦工作16个小时，我们还是经常负债累累，而且霉运连连。在我最早的记忆中，102号河流的洪水冲过我们家的玉米地和牧场，几乎毁掉了所有的庄稼。年复一年，我们养的猪死于霍乱，无奈之下，我们只能烧掉它们。现在我闭上眼睛，还能闻到死猪燃烧时发出的那股刺鼻气味。

有一年，洪水没有爆发。我们种了大片的玉米地，还买了一些牛犊，用玉米喂养它们。但是，最后的结果还不如玉米地被洪水淹没——那年芝加哥市场的牛肉价钱狂跌。尽管我家的牛又肥又壮，最后也只赚到区区30块钱。一整年的辛苦仅仅换来30块钱！

不管怎么努力，我们总是亏本。我还记得，父亲买来一些骡子和公马，我们足足养了3年才拿去出售。我们雇人用船把它们运到田纳西州的孟菲斯，结果换来的钱竟然比投资的钱还少！

在10年艰辛的工作之后，我们不仅身无分文，而且负债累累。我们的农场做了抵押，可是，我们竭尽全力，却连抵押的利息都还不上。我们抵押农场的银行中伤和侮辱我的父亲，并威胁说要收回农场。父亲那时47岁，在30年辛苦工作之后却身无分文，只有债务和耻辱，他怎么能够受得了！他开始忧虑，没有食欲，身体也是每况愈下。因为从事体力劳动，他不得不依靠药物来刺激食欲。但是，他依然一直消瘦。医生告诉母亲，父亲可能只有6个月的生命。父亲忧心忡忡，失去了生活的欲望。我经常听母亲说，父亲去牲口棚里喂马或者挤牛奶，如果他没有如期而归，她会非常担心，生怕父亲会上吊自杀。有一天，父亲从马里兰农场回来的时候，他想起了银行的威胁。如果我们不按期还款，他们将取消我们赎回农场的权利。他把马车停在102号河流的大桥上，下车后，站在桥上注视着桥下的滚滚河水，考虑是不是要跳下去结束自己的生命。

许多年之后，父亲告诉我，那天他没有跳下去的唯一原因，就是母亲那种深深的、热烈的对上帝的信仰。她相信，只要热爱上帝，谨记上帝的教诲，那么一切都会好起来。母亲此言确实不假，最后的结果确实令人满意。父亲多活了42年愉快的时光，他于1941年去世，享年89岁。

在那些痛苦挣扎和心碎的日子里，我母亲从未忧虑过。她把所有的麻烦都向上帝祈祷。每晚我们睡觉之前，母亲会诵读《圣经》的一个章节。有时，父亲或母亲会诵读一些令人宽慰的章节："上帝的家里有许多房子，我会为你准备一套。我住在那里，你也会在那里。"然后，在密苏里空荡的房子里，我们跪在椅子前，祈祷着上帝的爱和保护。

威廉·詹姆斯担任哈佛哲学系教授的时候曾经说过："治疗忧虑的最好方法当然是来自宗教信仰。"

我们无须远赴哈佛求证这句话的虚实。我母亲在密苏里农场的经历，就是一个例证。不管是洪水还是债务，或者疾病，都不能压制她那种乐观、灿烂、胜利的精神追求。我还记得，她边工作边唱着这首歌："平静，平静，奇妙的平静，从上帝那里慢慢飘落。它清除我心里的忧虑，只因我曾经在深深的爱潮中祈祷。"

母亲希望我献身于宗教事业，我慎重考虑之后，决定去做一位传教士。于是，我去大学深造。几年之后我发现自己发生了改变。我研修了生物学、科学、哲学和相对宗教学，阅读有关《圣经》如何成书等方面的书籍。我开始质疑《圣经》上面的陈述，怀疑那些乡间教士传授给我的狭义教义。正如沃尔特·惠特曼所说："我突然感到，一些奇怪的问题困扰着我"，我感到困惑。我不知道应该相信什么，我的生活没有目的，我不再祈祷，变成了一个不可知论者。我相信，所有的生命都没有计划和目的；我相信，人类和几十亿年前在地球上漫步的恐龙一样，都没有对神的信仰。我觉得人类会像恐龙一样灭亡。科学告诉我，太阳正在慢慢变冷，当它的温度降低10%以后，地球上将没有生物可以存在。有学说认为，万能的上帝依据自己的喜好创造了人类，我对此不屑一顾。我相信，数以亿计的星辰从黑暗、寒冷、无生命的地方聚集而来，由一种看不见的力量创造。也许它们从未被创造过，也许它们一直都存在——就像时间和空间一样永存。

我现在说清楚这些问题的答案了吗？不，没人能解释我们宇宙和生命的奥秘。它无处不在，我们身体本身的运行就是一个奥秘。你家里的电，裂缝中生长的花，以及窗外的草也是如此。查尔斯·弗·凯特是通用汽车公司研究实验室的领军人物，他每年给安特和大学3万美元，用来研究草为什么是绿色这个课题。他解释说，如果我们知道青草如何将阳光、水和二氧化碳转化成食物和糖分，那么，我们同样也可以转化文明。汽车引擎的运行本身就很神秘，通用汽车公司研究实验室花了大量的时间和财力，试图找到气缸中火花引爆从而导致汽车发动的原因，但是最后以失败而告终。

事实上，我们虽然不明白我们身体、电和引擎的奥秘，但这

沃尔特·惠特曼（1819—1892），美国著名诗人、人文主义者，自由体诗歌的开创者，代表作是诗集《草叶集》。

诗人惠特曼

《草叶集》插图 ┃ 弗·贝林金

并不能阻止我们使用和享受它们。我不明白祈祷和宗教的奥秘，但这并不能阻挡我享受它带来的丰富而愉快的生活。我明白了桑塔亚纳的这句话："人生本来不是理解生活，而是享受生活。"

我要回归，如果把它称之为回归宗教，可能不太准确，我要追求的是一个新概念的宗教。我对宗教依据教义分为不同教会的兴趣已经消失，但是，对于宗教能够给我带来什么，却兴趣盎然。正如电、食物和水一样，它们能够给我帮助，让我过上更丰富、更充实、更愉快的生活。但是，宗教带给我的远远不止这些，它给我带来了精神财富。正如威廉·詹姆斯所说，那是"一种新生活的热情，是更广泛、更令人满意的生活。"它给我信念、希望和勇气，消除我的恐惧、忧虑和担心；它给了我生活的目标和指向，使我更加快乐；它给了我健康，还帮助我创造了属于自己的"处在狂风肆虐沙漠里的一片平静的绿洲"。

350年前，弗朗西斯·培根说过："对于哲学浅显的理解使人倾向于无神论，但是，对于哲学深层的理解却使一个人心向宗教。"我记得，以前人们总是热衷于讨论科学和宗教的矛盾，现在却大不相同。最新的一门学科——精神病学，探讨的内容与耶稣的教导异曲同工。心理学家认识到，祈祷和强大的宗教信念能够治愈由担心、焦虑、性情和恐惧所引起的大部分疾病。他们对此深信不疑，其中的领军人物阿·阿·布利尔说过，"一个真正虔诚的教徒不会患上恐惧症"。

如果宗教是假的，那么生活就没有意义，而是一个悲情的闹剧。

亨利·福特去世的前几年，我采访过他。他经营着世界上最棒的汽车公司。所以，见到他之前，我期望着他能一展领袖风

培根

弗朗西斯·培根（1561—1626），英国文艺复兴时期最重要的散作家、哲学家，在自然科学领域里也有重大建树。

采。令我感到吃惊的是，78岁的他是那么的安详和平静。我问他有没有忧虑过，他这样回答："没有，我相信上帝自会妥善处理，根本无须征求我的意见。上帝掌管一切。我相信，一切都会善终。我有什么可担心的呢？"

今天，心理学家也成了前卫的福音传道者。他们不再劝解我们，去过有信仰的生活，从而回避来世的苦难。他们敦促我们信仰宗教，是为了让我们摆脱胃溃疡、神经衰弱、精神错乱的痛苦。你可以到公共图书馆，借阅亨利·林可博士撰写的《回归宗教》一书，从中体会心理学家和精神分析学家的宗旨。

没错，基督教是一个令人振奋、使人健康的活动。耶稣说："我会给你们带来丰富的生活。"耶稣是一个革命者，他谴责和攻击那些枯燥和空洞的教义，宣扬一种全新的宗教，一个令世界焕然一新的宗教。这也是他被钉上十字架的原因。他主张，宗教为人而存在，而不是人为了宗教而生活；安息日为人而设，而不是人为了安息日而活。他向别人讲述，自己对于罪恶的恐惧。其实，错误的恐惧就是一种罪过，一种损害自己健康、背离耶稣所宣扬的丰裕、充实、快乐、有朝气生活的一种罪过。爱默生称自己为"快乐的科学专家"，耶稣也是——他把自己的教义解释为"向着快乐前进"！

耶稣宣称，信仰宗教有两件重要的事情：全心全意地爱上帝，像爱自己一样爱邻居。无论你自己是否知道这些，只要你这么做了，你就是一个信道者。比如，我的岳父亨利·普莱斯，就是依据这个法则生活的人。他住在俄克拉荷马州的突沙市，从未做过自私、下流、不诚实的事情。然而，他不去教堂，并且认为自己是个不可知论者。这根本就说不通嘛！可是，怎么才算是一个基督徒呢？

约翰·百利艾莱是爱丁堡大学最权威的神学教授，我们不妨让他回答这个问题。他说："判断一个人是不是基督徒，并不取决于他对教义的理解，或者他遵从教义的程度，而是取决于他从中领悟到的精神，以及生活中实践的程度。"

按照这个标准，亨利·普莱斯是个标准的基督徒。

在给朋友汤玛斯·戴维森的一封信中，现代心理学之父威廉·詹姆斯写道："随着时间的流逝，我发现自己越来越离不开上帝了。"

在本书的前一部分，我曾经提到，在有奖征文比赛中，有两篇文章难分伯仲。评奖专家实在难以抉择，最后只能平分奖金。相比第一篇文章，第二篇文章的精彩程度不分上下。这篇文章里，一名妇女叙述了"她活着不能离开上帝"的难忘经历。

我们暂且称这位女士为玛丽·库士曼。她认为，最好不用她的真实姓名，以免儿孙看到会觉得尴尬。但是，这个人物确实存在。几个月前，她坐在我身旁的手扶椅上，讲述了她的故事。

"在那个困难时期，我丈夫一周只有18美元的工资。但是，他经常生病，许多时候还领不到那么多薪酬。后来他出了事故，患上了腮腺炎和猩红热，甚至反复感冒。我们失去了自己亲手建造的房子，还赊欠商店50美元。可是，我们还要养活5个孩子！我给邻居清洗和熨烫衣服，挣钱补贴家用；我买些二手衣服，改好之后给孩子们穿。我心里充满了忧虑。有一天，杂货店老板污蔑我那11岁的儿子偷了一打铅笔。孩子向我哭诉，他如何在众人面前受到羞辱。我知道，他是一个诚实和敏感的孩子，这件事让我崩溃。想到我们所承受的苦难，我对将来不抱任何希望。

"那时，我一定是疯狂地陷入了痛苦的旋涡。我关上洗衣机，把小女儿领进卧室，用破布堵住窗户和裂缝。小女儿问我：'妈妈，你干什么？'我说：'这里透风，要挡住。'然后，我打开卧室的煤气，但并没有点燃。我躺在床上，女儿躺在我身边。她问我：'妈妈，这很好笑。我们才刚起床不久！'我却说：'没事，我们就睡一小会儿。'于是，我闭上眼睛，听着煤气泄露的声音。我永远也忘不了煤气的气味。突然，我好像听到了音乐声。我一定没有关掉厨房里的收音机。不过，我已经无所谓了。音乐还在继续；这时，我听到一首老歌：'耶稣是我们的朋友，我们所有的痛苦和悲伤都可以向他祈祷；我们无需忍受痛苦，只需向上帝祈祷，一切都会好起来！'听到这里，我意识到自己犯了一个错误：我一个人面对这些痛苦，并没有向上帝祈祷。于是，我跳下床，关掉煤气。打开门窗之后，我流泪祈祷。我不是祈求帮助，而是向上帝表达我对他的感激之情。他给了我5个孩子，他们健康又善良。我向上帝保证，自己不会再做傻事。我一直都在遵守我的承诺。

"即使后来我们搬到乡下，住进每月5美元租金的一座小屋，我仍然感谢上帝，感谢他给了我一所房子，有屋顶为我们遮风挡雨。我感谢上帝，事情没有更糟。我相信，上帝听到了我的声音。不久之后，事情出现转机。当然，一切并非发生在一夜之间，经济萧条逐渐过去，我们赚了一些钱。我在一家大型俱乐部做后勤，并兼职出售长袜。我的一个儿子自食其力，每天在农场里挤牛奶。现在，我的孩子都已经长大成人，并且结婚生子，我有3个可爱的孙子。回想打开煤气的那天，我就会不停地感谢上帝，感谢他在那个时候及时把我唤醒。如果那时我真的死了，就会错失很多美好的日子，就会错失很多快乐的时光。无论何时，我只要听说某人要结束自己的生命，就想高声呼喊：'别那么做，千万别！'我们如果度过了最黑暗的时刻，迎来的就是未来……"

在美国，平均每35分钟就会有人自杀，此外，每120秒中有人疯掉。如果这些自杀和疯狂行为能够被及时阻止，而这些人又开始向上帝祈祷，那么，他们一定会获得安慰和内心的宁静。

著名的精神病学专家卡尔·荣格在其著作《寻找灵魂的现代人》中说道："在过去的30年里，世界各地的人都向我求医。我医治了上百人。我的病人中，超过35岁的患者都是依靠个人信仰才解决问题的。可以说，人生病是因为他失去了信仰；他们能够痊愈，也是依靠了重新回归信仰的力量。"

威廉·詹姆斯也说过类似的话："信念是人类活着的动力之一，缺失了信仰意味着人的瓦解。"

莫罕达斯·甘地是继佛祖之后印度最伟大的领袖。如果没有依靠祈祷的力量激励自己，他恐怕早已倒下。我为什么会知道呢？因为甘地自己说过："如果没有祷告，我早就疯了。"

成千上万的人都会有这样的经历，我也不例外。如果不是由于我母亲的祈祷和信念，我的父亲早就跳河自杀了。现在，许多精神病患者在疯人院狂嚎。如果他们不是孤军奋战，而是向更高力量的权威求救，或许他们完全可以得到救治。

甘地

当我们到达自己能力极限的时候，我们中的许多人都会求救于上帝——"散兵坑里没有无神论者"。可是，为什么要到绝望的时候才去求救于上帝呢？为什么我们每天不更新自己的力量呢？为什么我们要等到星期天呢？我养成了工作日下午去教堂的习惯。当我感到自己太过于冲动，太急于做事，我就会花几分钟时间进行思考。我会对自己说："等一下，卡耐基，等一下。为什么总是那么兴奋和冲动？你需要暂停一下，思考一下。"这个时候，我就会冲进第一个开门的教堂。尽管我是个新教徒，但是，我经常在工作日的下午去第五大道的圣帕特里克天主教堂。我提醒自己，30年之后我也许就会死去，但是，教堂教给我的所有精神真理都会永存。我闭上眼睛祈祷，发现这么做可以舒缓紧张的情绪，放松身体，还能明确我的看法，帮助我重新评价自己的价值观。难道我不应该把这个方法推荐给诸位吗？

在过去的6年里，我一直都在写书。我收集了上百人的资料，专注于如何依靠祈祷克服忧虑。我的例子数不胜数。下面就是一个典型例证。约翰·理·安东尼曾经是个沮丧的图书推销员，现在却是德克萨斯州休斯敦市的一位律师，办公室在哈伯大厦。他的故事如下：

"22年前，我关掉了自己的律师事务所，成为法律书籍销售公司的一个销售代表。我的工作就是向律师销售必要的法律书籍。

"通过专门的训练之后，我自以为对这份工作有了精确、彻底的了解。我熟悉卖书的说辞，知道如何使顾客信服。在拜访客人之前，作为律师的我会熟悉一下客户的基本情况，包括对他个人的评价，他个人的政治倾向，业余爱好，等等。我们见面的时候，我会利用这些信息。但是，一切都是徒劳，我根本接不到订单！

"当时我很受打击。一连几个星期过去了，我竭尽全力，却仍然入不敷出。我开始忧虑和担心，我开始害怕拜访别人。在进入别人的办公室之前，我的恐惧感会越来越强；我会在门口踱来踱去，或者走出大楼，绕着街区转圈。然后，我再浪费很多宝贵的时间，重新鼓起勇气，走到办公室门口。我抓住门把手，手儿一直颤抖。那一刻我竟然希望自己的客户不在里面！

"我得到了销售经理的警告：如果我还不能签到订单，他就停止我的预支。可是，妻子在家恳求我寄钱，好偿还杂货店的欠款，还要养活3个孩子。我被忧虑包围着，一天比一天绝望；我不知道该怎么办。就像我所说的那样，我关掉了自己的律师事务所，放弃了自己的客户。现在我又面临破产，已经没钱支付旅馆的费用，也没钱买票回家。即便有钱，我也没有勇气回家——我是一个失败者。最后，又一个糟糕的一天结束了。我拖着沉重的脚步回到旅馆，暗自思忖：这是最后一次入住旅馆，我已经被彻底打败了！

"心碎，压抑，我不知道出路在哪儿。我已经不关心自己的死活，甚至觉得，自己活着就是一种耻辱。我的晚餐除了一杯热牛奶之外，什么都没有。即使这样，我也无法负担。那天晚上，我体会到了跳楼者的绝望心情。如果有足够的勇气，我也会自寻短见。我开始思考生活的目的，但我弄不明白。

"既然没人能够求助，我只能求助于上帝。我开始祈祷，恳求上帝给我光明，在黑暗、困惑、绝望中给我指引；我请求上帝恩赐我订单，来养活我的家庭。祈祷之后，我睁开眼睛，看到

耶稣在山上布道

了一本放在碗柜上的《圣经》。我打开《圣经》，开始诵读那些优美、永恒的上帝诺言。那些句子一定激励了无数孤独、忧虑、被击垮的人们。耶稣曾经告诉他的门徒，如何克服忧虑：'不要为生命忧虑吃什么，为身体忧虑穿什么。你想天上的飞鸟，也不种，也不收，又没有仓，又没有库，神尚且养活他。你们比飞鸟是何等的贵重呢。你是上帝王国里的一等生物，是他的忠实追随者，所有的一切都应该归你。'

"我一边祈祷，一边诵读这些句子，奇迹发生了。我所有的紧张情绪消失得无影无踪，我的焦虑、忧虑和担心都转化成了勇气和希望以及必胜的信念。

"我非常高兴。尽管我没有足够的钱支付旅馆的费用，我依然十分高兴。我上床睡觉，睡得很香。我已经有很多年没有如此酣睡了。

"次日早上，客户的大门打开之后，我激动极了，以至于差点没能站稳。在一个美丽、凉爽的下雨天，我迈着自信的步伐，走进了第一个客户的大门。我紧握门把手，把门打开。我径直走到客户面前，抬头挺胸、自信满满。我微笑着说：'早安，史密斯先生。我是全美法律书籍公司的约翰·理·安东尼。'

"'哦，你好，'他也微笑着回答，同时站起来与我握手，'很高兴见到你。请坐。'

"那一天，我卖出去的书籍比前一周都多。当天晚上，我骄傲得像个英雄一样回到了旅馆。我觉得自己重生了，我也确实得到了重生——我有了新的精神面貌。那天晚上，我没有喝热牛奶，而是享用了一顿牛排大餐。从那天开始，我的销售额一直都在增加。

"21年前，在德克萨斯州阿莫雷利旅馆里，我得到了重生。我外表与以前没有什么两样，但是，我内心却发生了天翻地覆的变化。我突然发现，自己与上帝有了不可分割的关系。一个人可以轻而易举地被击败，但是，一个心里有上帝赐予力量的人却不可战胜。我的亲身经历证明了这一点。

"'只有追求，你才能得到自己想要的东西；只有寻找，你才能有所发现；只有敲门，大门才会向你敞开。'"

拉·格·比尔德夫人也深刻认识到了这个道理。她住在伊利诺伊州的高地。当她面对困境的时候，她只有跪下，向上帝祈祷："哦，万能的上帝啊，至高无上的上帝啊，只有你才能救我。救救我吧！"只有这样，她才能获得内心的平静和安宁。

我面前放着她的一封信，信中写道："一个傍晚，电话响了。电话响了许多次，我却没有勇气去接。我知道，一定是医院打来的电话。我害怕极了，我们的孩子得了脑膜炎，濒临死亡的边缘。虽然医生给他注射了青霉素，但是他的体温一直都不稳定。医生估计，病毒已经蔓延到了孩子的大脑，可能会诱发脑瘤甚至死亡。电话果真是医院打来的，通知我们立刻去医院。或许你可以想象，我和我丈夫那时忍受的痛苦。我们坐在候诊室，周围的人都抱着孩子，唯有我们俩怀中空荡荡的。我们不知道，自己是否还有机会拥抱我们的孩子。我们被叫到了医生的办公室，看到医生脸上的表情，我们心里更加痛苦不堪。他告诉我们，孩子存活的几率只有25%。如果我们认识别的医生，也可以找他试试运气。

"回家的路上，我丈夫崩溃了。他使劲地用拳头砸着方向盘说：'博茨，我不能放弃我们的孩子！'你看过一个大男人哭吗？那一幕实在令人不忍。我们停车商量，然后决定去教堂，向上帝求助；我们把选择交给上帝，让他为我们做决定。我瘫坐在长椅上，泪流满面：'万能的上帝啊，您来决定一切吧！'话一出口，我感觉好多了，我感到了内心久已不在的平静。回家的路上，我一直祈祷：'万能的上帝啊，救救我的孩子吧！'那天晚上是我一周之内睡得最好的一夜。几天之后医生打电话说，孩子已经脱离危险。我感谢上帝，又把健康结实的孩子还给了我们。"

我知道，男人们一直认为，宗教信仰是妇女、孩子和传教士的专利。他们觉得自己很强壮，只有在战场上才能被打倒。如果他们知道，许多著名的大人物每天都祈祷，他们该有多么惊讶啊！比如，拳击手杰克·登普西告诉我，他从来都是祈祷后再上床睡觉。他餐前必向上帝祈祷，赛前必向上帝祈祷，赛中也会祈祷。"祈祷能够给我勇气和自信，"他这样说。

许多"强人"也是如此。棒球手可尼·麦克告诉我，他不祈祷就无法入睡。航空先驱艾迪·瑞肯拜克尔相信，他的生命是祈祷换来的，所以他每天都要祈祷。爱华德·理·斯泰提迪纽斯是美国通用汽车和钢铁公司前高管，也是美国前国务卿，他告诉我，他每天早晚都会祈求上帝赐予他智慧和方向。金融巨头皮尔庞特·摩根经常独自一人周六去华尔街的教堂祈祷。艾森豪威尔飞去英国，处理英美两国国家大事的时候，他随身只是带着一本《圣经》。马克·卡拉卡将军告诉我，战争期间，他每天诵读《圣经》并跪下祈祷。蒋介石、蒙哥马利将军、纳尔逊将军、华盛顿将军、罗伯特·李将军、斯通威尔·杰克森将军，以及许许多多的军事将领，都不例外。

这些"强人"都感悟到了威廉·詹姆斯所说的真理。他说："我们和上帝彼此依靠。我们向他坦诚，我们希望的命运安排就会实现。"许多人都认识到了这个道理。最新数据显示，7200万美国人都笃信宗教。正如我先前所说，许多科学家也皈依宗教，比如诺贝尔奖获得者阿莱西斯·卡尔博士。他写了《人、未知与获得最高荣誉》这本著作。他在《读者文摘》中的一篇文章中写道："祈祷是人们获得能量最有力的形式，它就像地球引力一样真实。作为一名医师，我亲眼看到，许多病人依靠药物治疗不能治本，但是，他们借助祈祷获得内心平静，最终治愈了疾病和忧郁。祈祷就像镭这种元素，能够发光和自我繁衍。"

人类寻找能把自身有限的能量增大的方式，所以，他们致力于探索无限的能量，那就是祈祷。当我们祈祷的时候，我们把自己和无限的推动力联系在了一起，从而推动了整个地球。我们祈祷着，这种推动力能够为我们支配，能够弥补我们的缺陷，能够增强自身能量，能够进行自我修复。无论何时，我们只要向上帝虔诚地祈祷，就会感到身心得到一种转变。否则，人们也就不会把时间花在祈祷上。

的确，"把我们自己和无限的推动力联系在一起，从而推动整个地球"。海军上将伯德对此有着深刻的理解，他依靠这句话通过了人生最严峻的考验。他撰写了一本著作，叫做《孤独1934》，讲述了他在南极洲的经历。他曾被困在罗斯峰冰冠下的一个小木屋里长达5个月之久。他是唯一一个在南纬78度这个地方生存下来的人。暴风雪吹虐着小木屋，气温降到零下82度，他被无止境的黑夜吞噬。令他害怕的是，炉子里散发的二氧化碳毒气让他呼吸困难。他该怎么办？最近的救援处远在123英里之外，要花好几个小时才能到达他的住处。他尽力修理炉子和通风系统，可毒气还在蔓延。他经常昏倒在地，吃不下饭，睡不着觉。他十分虚弱，以至于无法离开睡铺。他甚至害怕，自己第二天不再醒来。他确信自己会死在那里，尸体也会被永久埋藏。

什么拯救了他？有一天，他打开日记，努力写下自己的人生哲学，即"人类在宇宙中并不孤独"。他想到了头顶的星星，排列有序的星系，依然照亮南极地区的那轮永恒的太阳。他写道："我并不孤独！"

他被困在地球另一端冰雪覆盖的山洞里，但是他知道，自己并不孤独。正是这种意识拯救了他。他接着写道："我知道，我会渡过难关。很少有人能够在濒临死亡的时候得以挣脱，但是，深井里的能量是无穷的。"理查德·伯德学会了利用这种深井的力量，那就是求助上帝。

在伊利诺伊州的麦田里，格兰·阿·阿诺德经历的事情与理查德·伯德不相上下。阿诺德是一位保险经纪人，他如此描述自己的忧虑："8年前，我锁上了汽车的前门，原本打算加速冲到河里。我相信，那是我人生的最后一晚。我觉得自己是个失败者。一个月前，我的电器生意陷入困境，我觉得自己的世界已然坍塌。家里，母亲正处在死亡的边缘，妻子正怀着我们的第二个孩子。医生的账单越来越多，我们不得不抵押房子和汽车。我甚至以自己的保单抵押，从保险公司贷款。现在，我失去了一切，再也无法忍受。所以，我决定把车开进河里，结束一切痛苦。我驾车飞奔了几英里，然后停在路边。我下车，坐在路旁，哭得像个孩子。然后我开始思考，不再痛苦地挣扎：我的情况到底有多糟？还能比这更糟吗？我真的没救了吗？我怎么做才能扭转形势呢？

"我决定向上帝求救，让他处理一切。我开始虔诚地祈祷，奇迹发生了。我向上帝倾诉之后，发现自己平静了许多。我在那里坐了半个小时左右，边哭泣边祈祷。然后，我回到家，那晚睡得很香。次日早晨起床的时候，因为有上帝在指引，我非常自信，不再害怕。那天早上，我昂首阔步地走进一家百货商店，应聘电器部门的一个职位。我确信自己能得到那份工作，最后，我大功告成。在战争拖垮电器行业之前，我一直表现得非常出色。5年前，在上帝的指引下，我开始推销人寿保险。现在，我还清了所有的债务。我有一个幸福的五口之家，有属于自己的房子和一辆新车，还有销售人寿保险赚取的25万美元。回首往事，我对自己准备自杀的那个夜晚充满感激。在那个紧急关头，我向上帝求救，才有了前所未有的平静和自信。"

为什么宗教信仰能给我们带来平静、冷静和坚韧的态度？威廉·詹姆斯这样回答："大海表面骚动的波浪不能给海底带来任何振动。人是具有广阔、永恒的实体，相对而言，一时的变更并不重要。一个有信仰的人不可动摇，他平静而沉着，时刻准备迎接未来。"

如果我们忧虑和焦急，为什么不向上帝倾诉呢？康德曾经说过："我们需要信仰上帝。宇宙自有永不枯竭的推动力。我们为什么不把自己与这个推动力联系在一起呢？"

即使你生来不是一个宗教信仰者，也许你是一个怀疑论者，祈祷也会带给你意想不到的帮助。祈祷切实可行。我指的是什么？我要强调的是，无论你是否信仰上帝，祈祷都可以满足你的3个基本心理需求：

1. 祈祷可以让我们用语言表达自己的困扰。从某种程度来说，祈祷就像把我们的问题写在了纸上。如果我们向上帝求救，就必须把它用语言表达出来。

2. 祈祷给我们一种分享的感觉，觉得自己并不孤单。很少有人坚强无比，能够承受巨大的压力。我们大部分的痛苦都要靠我们独自承受，有些私密的问题不能告诉朋友和家人。这时，祈祷就是最好的办法。精神科医生告诉我们，压力过大的时候，最好的治疗办法就是倾诉痛苦。当我们无法向人倾诉的时候，我们可以告诉上帝。

3. 祈祷是促使人做事的有力因素，它是我们实干的第一个步骤。我非常怀疑一个观点，那就是人们能从祈祷那里得到满足，却不采取行动。一位世界闻名的科学家说过："祈祷是能量最有利的产出形式。"所以，我们为什么不利用它呢？上帝也好，安拉或者圣灵也罢，我们被这些神秘的力量掌控，为什么要计较他们不同的名称呢？

现在，为什么不合上这本书，走进卧室，关上门，跪下来释放你的心呢？如果你失去了信仰，请祈求上帝助你重拾信仰。你可以这样说："上帝啊，我不能单打独斗了。我需要您的帮助，需要您的爱。请原谅我的错误，驱除我心里的邪恶，指引我走向平和、安静和健康。请让我对敌人也充满爱意。"

如果你不知道怎么祈祷，那么，你不妨读读下面这段优美、振奋人心的祈祷词。700年前，它出自圣方济各之手：

"上帝，让我成为您平和的工具吧。哪里有恨，就让我在哪儿播种下爱的种子；哪里有伤害，就让我在哪儿种下原谅；哪里有疑问，就让我在哪儿种下信念；哪里有绝望，就让我在哪儿种下希望；哪里有黑暗，就让我在哪儿给予光明；哪里有悲伤，就让我在哪儿给予欢乐。"

犹大亲吻基督

第六篇
莫因批评而烦恼

记住：没人会踢一只死狗

1929年，美国教育界发生了一件轰动全国的事情，各地的学者都涌进芝加哥来见证一切。几年前，一位名叫罗伯特·哈金森的年轻人，在耶鲁大学半工半读毕业了。在校期间，他做过招待、伐木工人、家教和衣架销售员。8年之后的今天，年方30岁的他当选为全美四大名校之一——芝加哥大学的校长。简直令人难以置信！老学者纷纷摇头，表示不解。批评的议论声越来越大，都说他没有经验，教学理念愚蠢，甚至连媒体都参与了讨伐。

在他就职的那天，一位朋友告诉罗伯特的父亲说："今天早上的报纸都在谴责你的儿子，真令我感到吃惊！"

老哈金森答道："是啊，是有点刻薄。但是记住：没人会踢一只死狗。"

是啊，一只狗的重要性越大，那么踢它的价值就会越大。威尔士王子（后来的爱德华三世，现在的温莎公爵）对此体会深刻。他当时14岁，在德文郡的达特莫斯学院（相当于安纳波利斯的海军学院）读书。一天，一名海军军官发现他在哭泣，问他原因也不回答，最后才说他被人踢了屁股。海军准将召集所有学生集合，并解释说王子没有打小报告，他只是要弄清楚事情的原委。

在一阵互相推诿之后，那些孩子承认了事实。他们之所以

托马斯·杰弗逊像

托马斯·杰斐逊（1743—1826），美国政治家、思想家、哲学家、科学家、教育家、第三任美国总统。他是美国独立战争期间的主要领导人之一，也是美国《独立宣言》的主要起草人。

那么做，原因很简单：长大成为海军军官以后，他们可以向人吹嘘，自己曾经踢过国王的屁股！

所以，当你受到批评的时候，记住，别人这么做的目的是突出自我的重要性。这通常意味着，你有了不起的一面，值得别人注意。许多人通过诋毁比他们有学问或更成功的人，从而获得一种卑鄙的满足感。比如，当我在撰写此书的时候，收到一位妇女的来信，内容竟是诋毁救世军的创立者威廉·布斯将军。我在广播节目中曾经赞美过布斯将军，所以，她就写信指责说，布斯将军私吞了她捐赠的800万美元的救灾资金。这种指责当然是无稽之谈。这个女人的目的不在于找出真相，而是想通过攻击高不可攀的人，获得一种卑鄙的快感。我把她的信丢进了垃圾筒，感谢上帝，幸好她没有成为我的妻子。她的来信没有提及任何有关布斯将军的情况，却让我对她本人的德行知之甚多。叔本华曾经说过："小人常因伟人的缺点和过失而得意。"

谁也不会认为耶鲁大学校长很粗俗吧，但是，前耶鲁大学校长迪莫泰·德怀特曾经诋毁总统竞选者。他说，如果某个候选人当选美国总统，我们的妻儿都会成为合法卖淫的牺牲品。我们将深受其辱，备受打击。我们的自尊和美德都会消失殆尽，最后的结局就是人神共愤。

听起来像是在抨击希特勒，是不是？但是事实不是如此。他诋毁的是托马斯·杰斐逊。哪个杰斐逊？不会就是起草独立宣言、备受尊敬的杰斐逊吧？没错，就是他！

想想看，谁被称为"伪君子"，"冒名顶替者"，"比杀人犯好不了多少"的人？报纸的漫画画着：他站在断头台上，大刀

乔治·华盛顿 | 美国 | 吉尔伯特·斯图亚特

乔治·华盛顿（1789—1797），美国国父。1789年，当选为美国第一任总统。1793年连任。在两届任期结束后，他自愿放弃权力，隐退于弗农山庄园。

正在落下；他骑马过街，人人又喊又骂。他是谁呢？他竟然是我们的开国元勋乔治·华盛顿！

那些都是很久远的事情。或许后来人们都开化的缘故，这种例子逐渐减少。我们还是看看海军上将佩瑞的故事吧。1909年4月6日，他乘雪橇到达北极，从而享誉全球。数百年来，无数的人们为了到达北极而忍受寒冷的威胁，甚至冒着失去生命的危险。佩瑞也差点因为饥寒交迫而丢掉性命，他的8个脚趾因冻坏而不得不被切除。他经历的这些苦难，差点把他逼疯。而他在华盛顿的上级，却因为他受到的称赞和表扬而嫉妒得发疯。于是，流言蜚语开始传播。人们说，佩瑞假借科学考察的名义，在北极逍遥地游山玩水。传言越来越神——只要你愿意相信，你就会信以为真。最后，总统本人不得不出面干涉，佩瑞的科学研究才得以继续进行。

如果佩瑞坐在华盛顿海军总部的办公室，他的工作会受到诋毁吗？不，当然不会，他的重要性还不足以引人嫉妒。

格兰特将军的遭遇比他更糟。1862年，格兰特将军赢得了北军的第一场胜利。这场战役使他名声在外，一夜之间成为人们心中的偶像，对遥远的欧洲也产生了不小的影响。从缅因到密苏里，人们点燃火把，敲响钟声，庆祝胜利。战役结束的6周之后，这名英雄却遭到逮捕，兵权也被收回。他绝望地号啕大哭，觉得自己受到了奇耻大辱。

为什么格兰特将军在胜利的巅峰遭到逮捕？他的上级骄傲自大，嫉妒和羡慕他的成功。这就是最大的原因。

如果我们担心受到不公平的批评，谨记：

不公平的批评是一种伪装的恭维。请记住：没有人会踢一只死狗。

这样做没人能够伤害你

我曾经拜访过被人称为"锥子眼"、"老地狱恶魔"的史曼德雷·巴特勒上将。诸位还记得他吧？他是美国海军陆战队最具传奇色彩、最有派头的将军。

他告诉我，他年轻的时候急于成名，急于讨好所有的人。那个时候，即便轻微的批评也会让他感到伤心和难过。但是，在海军磨炼30年之后，他变得格外坚强。他说："别人骂我是黄狗、毒蛇、臭鼬，他们竭尽全力地谩骂我，我会因此而困扰吗？才不呢！现在即便我听到背后有人说我坏话，我也不会扭头去看。"

或许老巴特勒根本不在乎别人的批评，但是，大部分人都会为小事儿较真。几年前，一位来自纽约太阳报的记者参加了我的成人教育班示范教学研讨会。那时他一直在批评我和我的工作，我都快气疯了！我认为那是人格侮辱，于是我致电太阳报的总裁吉尔·豪格斯，请他在报纸上澄清事实，好让那个不知名的记者尝尝苦头。

现在我为自己当时的行为感到羞耻。我知道，买报纸的一半人不会去看那篇报道，而看到报道的人一半会把它当做笑料，另外一半会幸灾乐祸，但几周之后就会把它忘得一干二净。

我现在认识到，人们并不那么在乎陌生人，他们只在乎自已。他们宁愿担心自己轻微的头痛，也不会关心他人的死活。

即使我们被别人欺骗、嘲笑，被人暗算，被最亲密的人出卖，但是请记住：千万不要纵容自己，也不要自怜。恰恰相反，我们应该想想耶稣的不幸。他的一个门徒为了19美元（折合成现在的现金）竟然背叛了他；另外一个门徒在他落难的时候，拒不承认认识他，竟然还诅咒他！耶稣有12个门徒，其中1/6的人出卖了他，更何况你我呢？

多年前我就发现，虽然我不能阻止别人对我进行不公平的批评，但是，我可以决定，自己是否受到那些批评的干扰。

请允许我说得更清楚一些。我并不是说，自己无视所有的批评，我只是不去为那些不公平的批评而烦恼。我曾经请教埃莉诺·罗斯福，她如何对待不公平的批评。天知道她受了多少罪！她拥有的好友和较劲的敌人，比任何入住白宫的女主人都多。

她告诉我，她小时候是个害羞的小女孩，害怕别人的议论，害怕别人的批评。一天，她向西奥多·罗斯福的姐姐求助。她说："姑姑，我想做事，但怕受到批评。"

姑姑注视着她说："不要因为别人的话而困扰。只要你觉得自己正确，不妨放手去做。"埃莉诺·罗斯福告诉我，在她入住白宫之后，姑姑的建议一直是她做事的原则，是她对付批评的唯一办法。姑姑的忠告就是：无论你怎么做，别人都会提出批评。

美国国际公司位于华尔街40号，已故的马修·查·布鲁斯曾经担任其总裁。我曾经问过他，是否在意别人的批评。他说："是啊，早年我非常在意。我想让所有员工觉得我很完美，否则我就会非常忧虑。我讨好对我有意见的人，但会得罪另外的人；等我讨好

耶稣基督被钉在十字架上

他的时候,又会得罪其他人。我不得不承认,我越是讨好每个人,就有越多的人反对我。最后,我对自己说:'如果你出类拔萃,总会有人批评你。自己还是早些适应吧。'这句话对我大有裨益。从此以后,无论我做什么事情,都会尽力而为。我撑开那把破伞,让批评的雨水顺着伞面跌落,而不是流进我的脖子。"

狄慕斯·泰勒更胜一筹。他干脆让雨水顺着脖子流下来,当众自嘲。曾经有段时间,在每个周日下午,他会利用纽约爱尔交响乐团空中音乐会的休息时间,发表一些音乐评论。有个女人写信给他,说他是骗子、叛徒、毒蛇和笨蛋。在他的《人与音乐》一书中,泰勒先生写道:"我想,她是不喜欢有人在音乐会上说话,仅此而已。"

在接下来那周的广播节目里,泰勒先生向数以百万计的听众读了这封谩骂信。几天之后,他又接到那个女人的来信。他说,那个女人的态度依然如此,没有改变。他用这种态度对待批评,令我佩服得五体投地。我欣赏他的镇定,毫不动摇的态度,以及幽默感。

查尔斯·斯瓦伯是嘉信理财公司的总裁。在普林斯顿大学发表演讲的时候,他说一位德裔老钢铁工人教了自己人生中重要一课。那个工人因为讨论战事与他人发生了争执，结果被扔进了河里。斯瓦伯说："他来到我办公室的时候，浑身都是泥水。我问他，看到那些把自己扔进河里的工人时，他会有怎样的反应。他回答说：'我只是笑笑。'"

斯瓦伯先生说，他把老工人的话当成了自己的座右铭："只是笑笑。"

当你遭受不公平待遇的时候，这个座右铭非常有用。别人骂你的时候，你可以还击，但是，当别人只是微笑的时候，你又能怎么样呢？

如果没有学会对他人的谩骂置之不理，林肯恐怕早在内战时就倒下了。他说："只要我不对任何语言攻击做出反应，那么这件事就到此为止。我尽力而为，直到生命结束。最后，如果证明我是对的，所有的批评就会没有任何意义；相反，如果证明我错了，那么就是天使作证，也于事无补。"

当我们处在不公平的境地时，谨记：

尽己所能，去做你认为正确的事情。撑开你的雨伞，莫让批评的雨水流进你的脖子。

我做的蠢事

我在一个私人文件簿上记录自己做过的蠢事。有时我会口述，让秘书一一记录。有些事情比较私密，我羞于向别人提及。这时，我会亲自动手，把它们记录在案。以前我常常把错误归咎于别人，现在我已经成熟，也聪明了许多，对自己有了新的认识。归根到底，所有的错误都是我的不幸，应该由我承担。许多人在长大之后，都会逐渐认识到这个道理。拿破仑曾经说过："不是别人而是我自己的过错。我是自己最大的敌人，也是自己灾难性命运的起因。"

我向大家介绍一位大师级人物。他叫赫·珀·豪威，深谙自制和自我赞扬之道。1944年7月31日，他猝死于纽约大使酒店前的药店，震惊了整个华尔街。他是金融界巨头，担任华尔街56号国家商业银行与信用公司的主席，也是其他几家大公司的总裁。他接受的正规教育很少，起初他只是一个小职员，后来逐步成为了美国钢铁公司的经理。

我曾向他请教成功的原因，他说："这些年来，我把自己每天的活动记录下来。周末的时候，我要总结并反省一周的工作，所以家人不会给我安排活动。晚饭之后，我会独自离开，打开我的记事簿，认真审视所有的约会、会议和采访。我问自己犯了什

富兰克林雕像

么过错，应该如何改正，我从中学到了什么，等等。有时我会觉得，这种每周一次的工作反省让我很不愉快，我对自己的错误感到吃惊。不过随着时间的推移，我犯的错误越来越少。我年复一年地坚持这套自省方案，终于初见成效。"

也许豪威从本杰明·富兰克林那里学会了这种自省方式，只不过富兰克林不会等到周六，而是每晚都进行自省罢了。富兰克林发现了自己的13个严重缺点，其中3个是：浪费时间、为小事斤斤计较、爱挑别人毛病和与人争执。聪明的富兰克林知道，自己只有改掉这些毛病，才能有更好的发展空间。所以，他集中力量，一周之内改掉一个毛病。经过两年的不懈努力，他改掉了所有的毛病，最终成为最受人爱戴和最有影响力的人物。

阿尔伯特·哈伯德说过："因为不知道做些什么，我们每天至少要耽误5分钟的时间。聪明的人决不会让它超过5分钟。"

平庸的人会因为一点小批评而大发雷霆，但是，智者却会从谴责和攻击他的那些人身上学到一些东西。沃尔特·惠特曼说过："你是不是只向那些崇拜你、偏袒你的人学习？你就不能向那些攻击你，与你争论的人学习吗？"

与其等着敌人向我们攻击，还不如我们主动出击，进行自我批评。在对手发现之前，我们就主动纠正了错误，不给敌人任何机会。达尔文就是这么做的。事实上，他花了15年时间进行自我批评。《物种起源》这部巨著刚刚完成，他就意识到，自己的观点会触动学术界和宗教界。于是，他就又用了15年的时间，检查数据，进行推理，做出定论。

如果某人把你骂做笨蛋，你怎么办呢？生气？愤慨？我们不

DE LA ROCHEFOUCAULD.

拉罗什富科

妨看看林肯的行为。爱华德·斯坦顿是林肯的作战部长，曾经骂林肯是笨蛋。当时，林肯为了讨好一个政客，下令调动斯坦顿的军队。斯坦顿当然拒绝执行命令，并且宣称林肯签署这个命令，就是笨蛋。此话传到林肯的耳朵，林肯平静地说："斯坦顿从不轻易下结论。如果他说我是笨蛋，那我一定就是。我还是先把事情弄清楚为好。"

林肯确实见了斯坦顿，斯坦顿告诉他命令是错误的。于是，林肯撤销了那道命令。对于善意和合理的批评，林肯一向持接受的态度。

我们不能保证自己不犯错误，所以，我们应该向林肯学习。罗斯福总统入主白宫的时候，不敢奢望自己75%的决定都是正确的。伟大的科学家爱因斯坦说，他自己的结论99%都是错误的！

法国思想家拉罗什福科说过："来自敌人的意见比自己的意见更接近真理。"

话虽如此，但是，如果有人真的批评我们的时候，我们首先肯定采取自我防卫的态度。尽管别人话语的公正性有待考察，但是人人都有拒绝被人批评，喜欢被人赞扬的感情倾向。人不是理性动物，而是感性动物。我们的理性就像是狂风暴雨、惊涛骇浪中摇曳的独木舟。40年后，如果我们回首今日，一定会觉得十分可笑。

威廉·艾伦·怀特被誉为世上最伟大的小镇报纸编辑。回首50年前的往事，他说自己当时头脑发热、刚愎自用、目中无人。20年后，我们也许会用相似的口吻描述我们自己。谁知道呢？

我们前面提到，如何面对别人的恶意中伤。现在我们谈谈应对方法。当你受到不公正批评的时候，不要急着生气，先冷静下来思考一下。人无完人，爱因斯坦都说，自己的结论99%是错误的，那么，我至少有80%的决定是错误的。我应该认真审视批评，学会从中有所感悟，使自己获得最大的益处。

作为培梭丹特公司的总裁，查尔斯·拉克曼每年花费100万美元的巨资，聘请鲍勃·霍博参与广播节目。对于来信，他青睐批评信胜过表扬信。他深知，只有这样他才能从中学到东西。

福特公司组织员工召开座谈会，以便了解管理和运营中的缺陷。

我认识一个善于自我批评的肥皂推销员。他开始推销肥皂的时候，订单来得很慢，他担心自己会失去工作。肥皂的质量和价格都没有问题，问题出在他自己身上。推销失败的时候，他就会考虑：是不是自己不够热情？是不是自己表达不够清晰？有时，他会到客户家里咨询："我来您家，不是为了推销东西，而是为了听取您的意见和批评。您能否告诉我，刚才推销的时候，我哪里做得不妥吗？您比我有经验，也比我成功，请您坦诚地告诉我您的意见，好吗？"

由于态度诚恳，他获得了许多宝贵意见，同时也结交了很多朋友。他的名字叫伊·赫·利杜尔，是世界上最大的肥皂制造公司——佳美公司的董事长。

如果你想远离批评的困扰，谨记：

记录自己的蠢事和行为，进行自我反省，自我批评。人无完人，只有获得公正、建设性的建议，我们才能改正自己。

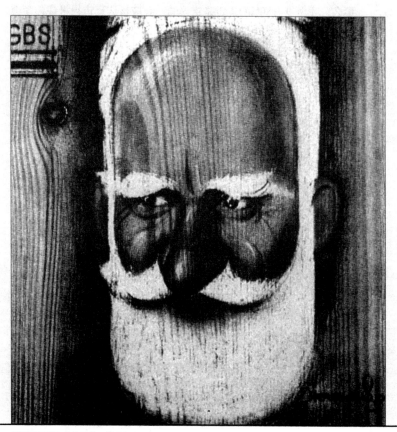

《肖伯纳画像》┃艾里克·赫曼森

第七篇
远离疲劳并保持活力的六条法则

每天多清醒一个小时

疲劳经常产生忧虑。为了预防疲劳产生的忧虑，我特地撰写此章内容。任何一位医科在校学生都会告诉你，疲劳会降低身体对一般疾病和感冒的抵抗能力；心理治疗师也会告诉你，疲劳同样会降低你对忧虑和恐惧感的抵抗能力。所以，防止疲劳可以防止忧虑。

我说的防止忧虑只是自己的推测。但是，爱默德·杰克布森医生已经撰写了两本关于放松的著作：《逐渐放松》和《你必须放松》。作为芝加哥大学临床医学学院的院长，他在多年的临床试验中，一直采用放松疗法。他认为，如果你完全放松，任何一种紧张情绪就不复存在。换言之，你放松的时候就不可能持续紧张。

所以，防止疲劳和担忧的第一条法则是：多放松。在你感到疲倦之前，你就应该放松。为什么它如此重要？因为疲劳积聚的速度令人吃惊。美国海军通过反复试验得出结论，经过多年军事训练的坚强军人，如果不带背包，每小时休息10分钟，那么，他行军的速度就会明显加快，而且持久。所以，军队大多采用此种训练方法。你的心脏每天泵出的血液流经全身，泵出的血量足以装满一节火车油罐，产出的能量相当于用铁铲把20吨煤堆成一个3英尺高的平台。你的心脏能完成这么大的工作量，而且能够持续50年，70年，甚至90年，它如何承受得了这项难以置信的工作？哈佛医学院的华特·博·坎农博士解释说："绝大多数人认为，自己的心脏一直都在工作。事实上，在每次收缩之后，它有完全静止的一段时间。心脏按正常速率，每分钟跳动70次，那么，它每天的工作时间只有9小时。换言之，它实际上休息了整整15个小时。"

二战期间，丘吉尔年近七十，但是他每天工作16个小时，指挥英军作战。简直令人难以置信！他的秘诀是什么？每天上午，他在床上工作到11点钟。他看报告、下达命令、打电话，甚至在床上召开会议。午饭之后，他要小睡一个小时。晚上8点晚餐之前，他还要睡上两个小时。他并不是要消除疲劳，因为他根本没有疲劳。他经常休息，所以才能精神抖擞，一直工作到深夜。"

约翰·洛克菲勒也创造了两项惊人的纪录：当时，他的财产世界首屈一指；他本人非常长寿，活到了98岁。他怎么做到的呢？他的家人都很长寿，所以，主要原因非遗传莫属。还有另一个原因，每天中午，他在办公室的沙发上歇息半个小时。哪怕美国总统打来电话，他也不会去接。

在《为什么会疲劳》一书中，丹尼尔·杰赛林写道："休息并不意味着绝对不做事。休息就是弥补。"哪怕一丁点儿的休息时间，也有很强的恢复能力；即使小憩5分钟，也有助于防止疲劳。棒球名将康尼·麦克告诉我，如果赛前不睡午觉，他到第5局就会感到筋疲力尽。可是如果他能午间休息，哪怕只是小睡5分钟，他也能完成全场比赛，而且丝毫没有疲倦的感觉。

我询问埃莉诺·罗斯福，她在白宫做了12年的第一夫人，如何应付那么多繁琐事务。她告诉我，每次接见宾客或者发表演说之前，她通常都会坐在沙发上，闭起眼睛休息20分钟。

最近，在麦迪逊广场花园的休息室里，我拜访了基恩·奥德雷。在这位世界骑术名将的休息室里，我看到了一张折叠床。"每天下午我都要在那儿休息一会儿，"基恩金·奥德雷说，"两场比赛之间，我要睡上一个小时。在好莱坞拍电影的时候，"他继续说道，"我每天坐在一张很大的软椅上，要小睡两三次，每次10分钟。这样，我才能精力充沛。"

爱迪生有着充沛的精力和坚忍的耐力，他把这些归因于随时入睡的习惯。亨利·福特八十大寿之前，我拜访过他。令我吃惊的是，他看上去精神矍铄。我问他保持青春的秘诀，他说："我能坐着就不站着，能躺着就不坐着。"

"现代教育之父"贺拉斯·曼上年纪的时候，也是如此行事。他担任安提奥克大学校长的时候，常常躺在一张长沙发上，与学生进行谈话。

我曾建议好莱坞的一位电影导演，尝试使用这种方法。后来他告诉我，我的建议产生了奇迹。我说的是杰克·查多克，好莱坞著名的大导演之一。几年前他来看我的时候，还是米高梅公司短片部的经理，经常感到筋疲力尽。他什么方法都试过了，喝补药，服用维生素和其他药物，但收效甚微。我建议他每天"度假"。怎么

发明家爱迪生

做？不就是他在办公室与同仁开会的时候，躺下来放松自己嘛。

两年之后，我再次见到了他。他说："借用我医生的原话，奇迹出现了。以前每次与同仁谈论短片问题的时候，我总是紧张地端坐在那儿。现在，我会躺在办公室的沙发上召开会议。我觉得，这是我20年来最好的时光。我每天能多工作两个小时，却很少感到疲劳。"

你如何使用这些方法呢？如果你是一位速记员，你就不可能像爱迪生或者是山姆·戈德温那样，每天能在办公室里睡个午觉；如果你是一位会计，你也不可能躺在长沙发上，与你的上司讨论账目问题。可是，如果你居住在一个小城，每天可以回家享用午饭，那么，饭后你就可以睡上10分钟的午觉。马歇尔将军就是如此。二战期间，马歇尔将军指挥美军非常忙碌，所以，他中午必须休息。如果你已经年逾五十，却忙碌得无法午睡，那么，你需要购买所有的人寿保险。现在的葬礼可是不计其数，也许你的妻子正盼着拿到保险赔付，嫁给一个年轻小伙子呢！

如果你中午无法小睡，那么，你至少要在晚饭之前休息一个小时。相比小酌一杯，休息更为有用。如果你能在下午五六点钟，或者7点钟左右睡上一个小时，那么，你就每天增加了一个小时的清醒时间。为什么呢？因为晚饭前你小睡了一个小时，加上夜里所睡的6个小时，总计7个小时，绝对比晚上连续睡上8个小时更有益处。

从事体力劳动的人，如果能够稍微频繁休息，他每天就能完成更多的工作。佛莱德瑞克·泰勒在贝德汉钢铁公司担任科学管理工程师的时候，就曾以事实证明了这一点。他通过观察得知，工人每人每天可以往货车上装大约12吨半的生铁，但是，时间刚刚到了中午，他们就已经筋疲力尽。泰勒把所有产生疲劳的因素考虑进去，做了一次科学研究。他得出结论，工人每天的装卸量不应该仅仅是12吨半生铁，而应该是47吨。按照他的计算，工人的业绩应该是目前的4倍，而且他们不会感到疲劳。他的研究成果需要得到证实。

于是，他选了一位名叫施密特的搬运工，让他按规定时间工作。一个人手持秒表，专门指挥施密特工作："现在，搬起一块生铁……现在，坐下休息……现在开始搬运……现在休息。"

结果呢？其他人每天只能搬运12吨半生铁，而施密特却能搬运47吨。在长达3年的时间里，他一直这样工作，从未懈怠。这些全都得益于他在疲劳之前得到休息的缘故。他每小时大约工作26分钟，休息34分钟。他休息的时间比工作时间要多，可他的工作业绩却差不多是别人的4倍！这不是道听途说吧？当然不是。你可以看看佛莱德瑞克·泰勒的《科学管理准则》一书，从中求证。

我在此重申一遍：按照美国陆军的训练方法去做，按照心脏工作的方法去做——在疲劳之前休息。这样，你每天清醒的时间就会多一小时。

疲劳的原因以及解除疲劳的方法

下面是一个令人吃惊的重大事实：脑力劳动不会导致疲劳。这个论断似乎非常荒谬，可是几年前，科学家们尝试探究人类大脑工作的时间极限（也就是疲劳之前的时间）。他们吃惊地发现，流经大脑的血液根本不会疲劳。如果你从工作状态下的体力劳动者身上抽取血液，你会发现里面布满了"疲劳毒素"和疲劳产物。但是，如果你从爱因斯坦的大脑里抽出一滴血液，他即使工作了整整一天，你也绝对不会发现"疲劳毒素"。

那么，就大脑而言，无论它工作了8个小时，还是12个小时，它依然高效运转。大脑根本不知疲倦！可是，究竟是什么导致了疲劳？

精神科专家解释说，我们的疲劳感觉大多源于心理和情感因素。英国著名的精神科专家杰·阿·菲尔德撰写了《权力心理学》一书。书中说："我们的疲劳绝大部分来自心理因素，仅仅由生理因素导致的疲劳少之又少。"

美国著名的心理分析学家阿·布瑞尔阐释得更为明确："就伏案工作的人而言，在身体完全健康的情况下，他产生的疲劳感觉完全是受心理因素的影响。"

是什么导致伏案工作人员的疲劳呢？兴奋？满意？不！绝对

不是！是无聊，是抗拒，是不被赏识，是无用的忙碌，是焦虑和担心……所有这些导致了他们的感冒、工作效率低下，以及严重的头疼。总之，我们之所以感到劳累，原因就是我们的情感在体内产生了紧张情绪。

大城市人寿保险公司指出："过度工作引起的疲劳通过充足的睡眠可以解除。忧虑、紧张和情绪不安，是导致疲劳的三大原因。紧绷的肌肉也在工作，所以尽量放松，省下力气，去做更重要的事情吧。"

现在我们就开始自我检查。你是否正坐在舒服的沙发上阅读？你还是坐得笔直，面部肌肉紧张呢？除非你全身放松得像布娃娃一样柔软，否则，你就是在制造紧张情绪，导致肌肉紧张。在从事脑力劳动的时候，为什么我们也会产生这些不必要的紧张呢？爵西林说："几乎所有的人都相信，越困难的工作就得付出越多的努力，否则工作效果就会不尽如人意。"所以，我们一集中精力，就会皱起眉头，拱起肩膀，让所有的肌肉都在"用力"。实际上，这对我们的思考毫无帮助。

令人吃惊的悲剧在于，数以百万计的人们不会浪费金钱，却把精力浪费在了鲁莽行事上面！

碰到这种精神上的疲劳，应该放松、放松、再放松。

容易做到吗？不！你可能要用一生的时间，才能改正这个习惯。为了一劳永逸，这样的努力还是值得的。威廉·詹姆斯在《论放松情绪》的这篇文章里说："美国人过度紧张。他们坐立不安、表情痛苦，这实在是一种坏习惯。"紧张是一种习惯，放松也是一种习惯。坏习惯应该消除，好习惯应该保持。

怎样才能放松呢？应该从思想上还是从神经上开始？都不是。我们应该从肌肉开始。

我们不妨一试。首先，我们从眼睛开始。读完这段文字，请身体后仰，眼睛紧闭，对自己说："放松，放松。别紧张，别皱眉。放松，放松……"慢慢地默念一分钟。

你注意到了吗？你眼睛周围的肌肉开始放松，你感觉到了吗？好像有一只手抹掉了你的紧张。有点不可思议吧？不过，在短短的一分钟之内，你已经领悟到了放松的诀窍。你可以采用同样的方法，放松你的下颚，你的脸部，你的颈部，以及你的整个身体。

不过，你全身最重要的器官，还是你的眼睛。芝加哥大学的艾德默·杰可布森博士说，如果你能完全放松眼部肌肉，那么，你就可以忘记所有的烦恼。在消除神经紧张方面，眼睛之所以如此重要，是因为它们消耗了全身1/4的能量。这也就是为什么很多人视力很好，却感到"眼部紧张"，因为他们自己使得眼部紧张了。

著名小说家薇姬·贝姆曾说，她小时候遇见过一位老人，教给了她人生中最重要的一课。那时候，她摔了一跤，碰破了膝盖，弄伤了手腕。一位曾在马戏团扮演小丑的老人把她扶了起来。他一边帮贝姆弹掉灰尘，一边告诉她："你不知道怎样放松，所以才会受伤。你应该假装自己软得像一双袜子，像一双穿旧了的袜子。来，我来教你怎么做。"

那位老人教薇姬·贝姆和其他的孩子怎么样跑，怎么样跳，怎么样翻跟头。他教他们说："要把自己想象成一双旧袜子，那时，你就能放松了。"

你可以在任何地点，任何时间，毫不费力地放松自己。所谓放松，就是消除所有的紧张情绪，放松全身的力量，只想到舒适和放松。开始的时候，你要考虑如何放松你的眼部肌肉和脸部肌肉，不停地说："放松……放松……放松，再放松！"你会感到自己的能量从脸部肌肉转移到身体中心，觉得自己像孩子一样无忧无虑。

这就是著名女高音歌唱家嘉丽·库契的放松秘诀。海伦·杰普森告诉我，演出之前，她常常看见嘉丽·库契坐在一张椅子上，放松全身的肌肉，而且她的下颚松得像脱臼一样。这样在登台表演的时候，她不至于感到紧张，还可以预防疲劳。

下面有5条建议，帮助你学会如何放松：

1.请读一本有关放松的好书。这里我推荐大卫·哈罗·芬克博士的《消除神经紧张》。

2.随时放松自己，使你的身体像一双旧袜子那样柔软。我在工作的时候，桌上常常放着一双红褐色的旧袜子。它们提醒我，应该放松到什么程度。如果你找不到一双旧袜子，一只猫也行。你抱过在太阳底下睡觉的猫吗？当你抱起它的时候，它整个身体就像打湿的报纸一样绵软。印度的瑜伽术也会让你放松到这种程度。如果你想放松，就应该多去瞧瞧小猫。我从来没有看到过疲倦的猫，也没有看到过疲劳、担忧或者患上胃溃疡的猫。只要你能像猫那样放松自己，你就能够远离麻烦。

3. 工作时采取舒服的姿势。要记住，身体的紧张会导致肩膀的疼痛和精神的疲劳。

4. 每天自我检查5次，问问自己："我有没有使自己的工作变得比实际上更加繁重？"这样有助于你养成放松的习惯。正如大卫·哈罗·芬克博士所说："心理学专家都知道，疲倦大部分是习惯性的。"

5. 每天晚上再自我检查一次："我到底有多么疲倦？如果我感到疲倦，这不是我过分劳心的缘故，而是因为我做事的方法不对。"

"我这样考量自己的成绩，"丹尼尔·爵西林说，"一天工作结束的时候，我不去考虑自己有多么疲倦，而是考虑自己有多么不疲倦。如果哪一天过完之后，我感到特别疲倦，或者我感觉自己特别沮丧，我就会知道，这一天的工作在质和量方面都不尽如人意。"如果每个企业家都能领悟这个道理，那么因神经紧张引发疾病，最后导致死亡的比例就会降低，我们的精神病院也就不会人满为患。

如何使家庭主妇远离疲劳，永葆青春

去年秋天，我的助手乘飞机去波士顿，学习一门不同寻常的医学课程。这门课程的正式名称叫《临床心理学》，或者《应用心理学》。它旨在治疗一些忧虑导致的疾病，病人大多是精神上感到困扰的家庭主妇。

这门课程是如何产生的？1930年，威廉·奥斯尔的学生约瑟夫·普莱特博士发现了一个问题：来波士顿医院求诊的女患者中，很多人没有生理上的疾病。有位女病人认为自己的双手由于关节炎而无法活动，另一个患者因为胃癌的症状而痛苦不堪，其他人的疾病包括头疼、腰疼，等等。可是，这些都是她们臆想出来的疾病。经过彻底的医学检查，医生发现这些妇女生理上完全正常，"所谓的疾病完全源于她们的臆想。"

普莱特博士知道，如果让她们"回家忘掉此事"，那是枉然。他知道，谁也不想患有疾病，如果能够轻易忘掉疼痛，那么，她们完全可以自行痊愈，根本无须来医院求医。怎么办呢？于是，他开设了这门《应用心理学》课程，希望能够帮助她们根治心理上的疾病。这个班开设18年来，成千上万人的"疾病"得到了"痊愈"。有些病人参加了数年的课程学习，几乎像上教堂一样虔诚。我的助手曾经与一位妇人攀谈。这位妇人参加了9年的课程学习，极少缺课。她说自己刚来的时候，确信自己患有肾炎和心脏病。这使得她忧虑、紧张，有时甚至出现短暂性失明。于是，她又害怕会双目失明。现在，她身体状况良好，虽然已经有了孙子，可显得十分年轻，看上去只有40多岁。她说："那时，我整天为家事忧虑，几乎想一死了之。后来我才知道，担忧根本没用。我学会了怎样消除忧虑。现在，我觉得生活十分幸福。"

课程班的医药顾问罗丝·海芬婷大夫认为，减轻忧虑最好的药方就是，"与你信任的人谈论你的问题"。她说："我们把它称作净化作用。病人来到这里的时候，可以尽量倾诉他们的问题，直到她们把问题抛到脑后为止。忧虑会造成精神上的烦恼，我们应该让别人分担我们的难题，同时，我们也得分担别人的忧虑。我们必须感觉到，世界上还有人愿意听我们说话，还能够了解我们。"

我的助手亲眼目睹了这样一幕：一位妇女说出心里的忧虑之后，马上感到如释重负。她有很多家务方面的烦恼，刚刚开始诉说的时候，她就像一个压紧的弹簧。后来，她一面讲，一面渐渐地平静下来。谈完之后，她竟然开始面露微笑。那么，困难得到解决了吗？没有。事情当然不会这么简单。她之所以有这样的改变，是因为她能与别人交谈，得到了忠告和同情。所以，语言是真正有效的治疗良方。

从某种程度上说，心理分析就是基于语言的治疗功能。从弗洛伊德时代开始，心理分析家就知道，只要一个病人能够开口说话，那么他心中的忧虑就能解除。为什么呢？也许在当事人说出问题之后，我们才能更深入地理解问题，才能找到更好的解决方法。没有人知道确切的答案，可是，我们所有人都知道，只要你能"全

西格蒙德·弗洛伊德

西格蒙德·弗洛伊德（1856—1939），奥地利精神病医生及精神分析学家，精神分析学派的创始人。

部说出来"或者"直抒胸臆",那么你就会觉得舒服很多。

所以,下一次我们再碰到情感难题的时候,为什么不去找人谈谈呢?当然,我并不是说,我们随便找一个人,向他倾诉心里的苦水和牢骚。我们要找一个值得信任的人,也许是一个亲属,一名医生,一位律师……我们与他约好时间,然后对他说:"我需要你的建议,希望你能跟我谈谈。你也许可以给我一点忠告。作为旁观者,你也许能够给我一个认识问题的全新角度。当然,即使你不能提供建议,只要你肯坐在那儿听我唠叨,你也是帮了我的大忙。"

如果实在找不到交谈的对象,你可以求助于"救生联盟"组织。虽然这个组织与波士顿的医学课程没有关系,但是它是世界上最不寻常的组织之一,它的初衷就是为了预防可能发生的自杀事件。多年以后,它的服务范围逐步扩大。现在,"救生联盟"为那些不快乐,或者情感方面有所需要的人提供精神上的安慰。我见过萝娜·邦奈尔小姐几次,她是该组织的咨询师,常常与那些到救生联盟求助的人士会谈。她告诉我,她非常乐意回答来信上的问题,如果你写信给救生联盟,你的个人隐私能够得到充分的保护。说实话,我建议你与人面对面地进行谈话,那样的效果会更好。为什么不试试给救生联盟写信呢?

"说出心事",这只是波士顿医院医学课程的一个主要治疗方法。我们在课程班上还得到了其他信息,不妨在这里与大家分享。如果你是一个家庭主妇,你在家里就可以做到。

1.准备一本"精神刺激"的剪贴簿。你可以贴上自己喜欢的诗句,或者名人名言。在某个雨天的下午,如果你感到精神颓丧，也许你在本子里就能找到治疗的方法。波士顿医院的很多病人都保留有这样的剪贴簿。她们把剪贴簿保留数年之久，称之为"精神刺激"。

2.不要为别人的缺点操心。不错，你的丈夫确实有很多缺点，可是，如果他是个圣人的话，恐怕他根本就不会娶你为妻，是吧？学习班上有一位妇女，她通过学习发现，自己恰恰是一个苛责、爱挑剔的人。还有一位常常愁眉苦脸的妻子，当别人问她"如果你的丈夫死了，你会怎么办"的时候，她感到非常吃惊。她连忙坐下，把丈夫的优点一一列举，结果呢，她列了一个长长的清单。所以，如果你觉得自己嫁错了人，你也可以试试这种方法。也许，在看过他所有的优点之后，你会发现他正是你的如意郎君。

3.要对你的邻居感兴趣。对那些和你同住在一条街上的人，抱有一种友善而健康的态度。有一个十分孤独的女人，她觉得自己非常孤单，一个朋友也没有。有人劝她，不妨以她遇到的人为主角编写故事。于是在公共汽车上，她开始为自己看到的人编造故事。她假想那个人的背景和生活情形，试着去想象他的生活。后来，她碰到别人就会交谈。现在，她非常快乐，变成了一个讨人喜欢的人，她的痛苦也不治而愈。

4.今晚上床睡觉之前，先把明天的工作安排好。课程班的专家发现，很多家庭主妇因为做不完的家务而感到疲惫不堪。她们好像永远做不完自己的工作，总觉得时间不够用。为了消除这种匆忙的感觉和忧虑，专家建议家庭主妇们，前一天晚上就安排好第二天的工作。结果呢？她们能完成许多工作，却不会感到那么疲惫。同时，她们拥有了成就感，甚至还有时间休息，打扮（每个女人每天都应该抽出时间打扮，让自己显得年轻漂亮。我认为，如果一个女性知道自己外表漂亮，那么她也就不会紧张了）。

5.放松是避免紧张和疲劳的唯一途径。在使人衰老方面，在破坏容貌方面，什么也比不上紧张和疲劳。在课程班，我的助手有幸聆听了负责人保罗·约翰森教授的教诲，学到了很多使人放松的方法。10分钟的放松练习之后，我的助手几乎坐在椅子上睡着了。为什么生理上的放松会有如此大的好处？因为这家医院知道，如果你要消除忧虑，就必须放松。

的确，作为一个家庭主妇，一定要懂得如何放松自己。你有一点优势，那就是，你可以随时躺下休息，你还可以躺在地上放松。奇怪的是，硬硬的地板比柔软的席梦思床更有助于放松身体，它对脊椎骨大有益处。

下面是一些在家里就能从事的运动。诸位不妨试上一个星期，看看它们对改善你的精神面貌是否大有裨益。

1.只要你觉得疲倦了，就平躺在地板上，尽量把身体伸直。你也可以翻身。每天这样做两次。

2.像约翰森教授所建议的那样，闭上你的眼睛默念："太阳在头顶上照耀，天空一片湛蓝，大自然很平静，一切都在掌握之中。我是大自然的孩子，也能和宇宙和谐一致。"

3.如果你不能躺下来，如果你正在煮菜而没有时间，那么，你只要能坐在一张椅子上，效果也会基本相同。你不妨坐在一张很硬的直背椅里，像一尊古埃及雕像。然后你掌心向下，把双手平放在大腿上。

《体操使人年轻》│法国│杜米埃

4.慢慢地，你把10个脚趾蜷曲起来，然后放松。收紧你的腿部肌肉，然后放松。慢慢向上，运动各部分的肌肉，一直到你的颈部。然后，把自己的脑袋假想成一个足球，向四周转动。不断地对自己说："放松……放松……"

5.用缓慢而稳定的深呼吸调整你的神经，要从下往上深呼吸。印度的瑜伽术是个很不错的选择，有节奏的呼吸是舒缓紧张的最好方法。

6.尽量抹平脸上的皱纹，松开紧锁的眉头，不要闭紧嘴巴。每天做两次。说不定你就不用花钱去按摩治疗了呢！时间一长，所有的疲劳都会从心里消除。

四种预防疲劳的良好工作习惯

第一种良好的工作习惯：清理书桌桌面，只留下目前需要处理的事情。

罗西·威廉姆斯是芝加哥与西北铁路公司的董事长。他说："一个书桌上堆满了文件的人，如果能把桌子清理一下，留下手头急待处理的工作，他就会发现，自己的工作会变得更加容易，也更加准确。我把这种清理叫做料理家务。它是提高效率的第一步。"

如果你有机会造访华盛顿特区的国会图书馆，你就会看到，天花板上漆着10个字："秩序——天国的第一条法则。"

秩序也是经商的第一条法则。事实如此吗？不是的，大部分的商业人士桌上都堆满了文件，看上去仿佛几个星期没有整理。新奥尔良报的出版商告诉我，他的秘书在清理桌面的时候，竟然发现了两年前丢失的打印机！

桌面上堆积如山的未回复邮件，报告和备忘录……这些东西足以导致困惑、紧张和焦虑，甚至引发更加严重的结果。如果你一直提醒自己，有堆积如山的事情要做，这不仅使你紧张和焦虑，而且还会导致你血压升高，引发心脏病和胃溃疡。

约翰·斯托克是宾夕法尼亚州立大学医学院的教授。他在美国医药学会会议上宣读过一篇论文，题目叫《紧张情绪引起的生理并发症》。在这篇文章中，他在一项"病人心理状况研究"的标题下，列出了11种情况，并指出可以通过四种良好的工作习惯改善。

第一种良好的工作习惯：事情一到，就马上处理。

著名的心理治疗专家威廉·塞得勒博士曾用简单的方法治愈了一位病人。患者是芝加哥一家大公司的高级主管，当他第一次到塞得勒博士诊所的时候，非常紧张、不安和担忧。他知道，自己濒临崩溃，但是他不能停止工作，只好过来求助。塞得勒博士说："他正在讲述自己病情的时候，我的电话响了。那是医院打来的电话，我没有丝毫犹豫，直接做了决定，并告诉对方应该如何行事。过了一会儿，电话又响了起来，又是一个突发事件。我花了一些时间进行讨论。第三次打断我们谈话的是我的同事，他来询问一位高危病人的情况。当我结束所有事情的时候，我转身向他道歉——我让他等得太久。可是他好像突然精神起来，显得容光焕发。"他说："医生，您不用道歉。在最后的10分钟里，我已经找到自己的问题所在。我准备回到办公室，改掉我的习惯。介意我看一下你的抽屉吗？"塞得勒博士打开抽屉，除了基本的物品之外，抽屉里空空如也。

那位病人问他："你没有处理的事情呢？"

"我都处理完了。"医生回答。

"那么，你没有回复的邮件呢？"他接着问。

"我已经全部回复了，"医生接着说，"我的原则是，马上回复每一封信。我会立即向秘书口述回复的内容。"

6周之后，那位高管邀请塞得勒医生见面。他完全变了，他的办公桌也改变了模样。他打开抽屉，里面没有任何未完成的文件。那位高管说："6周之前，我的办公室有3张写字台。我把全部时间都投入工作堆里，可事情似乎永远干不完。与您谈过以后，我回到办公室，第一件事就是清理出一大堆的报表和旧文件。我只留下一张写字台，事情一到，就马上处理。于是，我再也感受不到堆积如山的公事的威胁。我的工作渐渐有了起色，身体也恢复了健康。"

前美国高级法院大法官查尔斯·伊文斯·休斯说："人不会死于过度工作，却会死于浪费和忧虑。"

第二种良好的工作习惯：按照事情的重要程度安排工作程序。

亨利·杜哈提创办了遍及全美的实务公司。他说，不论他出多少钱的薪水，都不可能找到一个具有两种能力的人：第一，会思考。第二，会按事情的重要次序处理事务。

查尔斯·卢克曼——一个曾经默默无闻的人，在12年内完成华丽蜕变，成了培素登公司的董事长，每年不仅赚取十万美元的薪金，还有额外一百万美元的进账。他把自己的成功归结于上述两种能力，也就是亨利·杜哈提所提的、寻常之人几乎不可能同时具备的那两种能力。卢克曼说："我每天早上5点钟起床。那时，我的头脑比任何时间都要清醒。这样，我可以计划一天的工作，按事情的重要程度安排做事的次序。"

富兰克林·白吉尔是美国最成功的保险推销员之一。他不会在凌晨5点计划当天的工作，而是在头一天晚上就计划妥当，制定好次日的销售目标。如果没有完成，差额就会加到第二天，依此类推。

从长远来看，一个人不可能一直按照这种方法做事。但是，先重后轻，总比临时抱佛脚要强。

如果萧伯纳没有坚持"要事为先"的原则，那么，他一辈子恐怕就只能做银行出纳，而不会成为一名戏剧家。他拟定了计划，每天必须至少写5页东西。即使他只有30美元的收入，平均每天1美分，他还是坚持了9年。

第三种良好的工作习惯：当你碰到问题时，如果必须立即做决定，就当场解决，不要拖延。

我以前的一个学生——已故的赫·珀·豪威告诉我，当他在美国钢铁公司担任董事的时候，召开董事会总要占用很长的时间，讨论很多问题，解决的问题却少之又少。最后，每位董事不得不带着一大包文件回家，继续研究。

后来，豪威先生说服董事会，每次开会只讨论一个问题，做出结论，不耽搁，不拖延。这样的决议也许还关系到另外的问题：要么做，要么不做。但是，在讨论下一个问题之前，这个问题一定能形成决议。豪威先生告诉我，改革的结果非常惊人，也非常有效，所有的问题得到全部解决。日历上干干净净，董事们也不必带着大包文件回家，大家也不再为未解决的问题而忧虑。

这是个很好的办法，不仅适用于美国钢铁公司的董事会，同样也适用于你和我。

第四种良好的工作习惯：学会如何组织、分层负责和监督。

很多商人都在自掘坟墓，因为他们不懂得把责任分摊他人，而坚持每件事情都要亲力亲为。结果是很多枝节小事使他手忙脚乱，他总觉得忙碌、焦虑和紧张。学会分层负责很难，对我来说，也是难事一桩。我还知道，如果负责人不理想，也会造成灾难。但是，作为一个高级主管，如果想避免忧虑、紧张和疲劳，他必须照此办理。

一个经营大企业的人，如果没有学会如何组织、分层和监督，那么，他很可能在五十多岁，六十出头的时候死于由焦虑和担心引起的心脏病。想要例子吗？看看当地报纸的死亡通告，你就一清二楚了。

如何防止厌倦产生的烦闷

产生疲劳的最主要原因是烦闷。下面我们来看一个例子，打字员爱丽丝小姐工作了一天之后，傍晚才回到家中。她腰酸背痛，疲惫不堪，连饭都不想吃，只想睡觉。正在这时，男朋友打来电话，邀她去跳舞。她的眼睛顿时一亮，浑身是劲，换上衣服立刻就冲出了家门。她一直跳到凌晨3点钟才回家，这时她毫无倦意，而是兴奋得难以入眠。

傍晚时分，她觉得疲劳，是工作让她烦恼，使她对生活也产生了厌烦。世界上这样的人很多，你也许就是其中之一。

众所周知，一个人的情感因素会比生理因素更容易导致疲劳。几年前，约瑟夫·巴马克博士在《心理学学报》发表一篇文章，谈到了他的实验，结论是厌烦能够产生疲劳：

他安排一群大学生参加一系列的实验工作。由于他们对这些工作不感兴趣，结果所有的学生都觉得疲劳、头疼、眼睛疼，而且总是昏昏欲睡、情绪低落，其中还有几个人抱怨胃不舒服。这些都是假想出来吗？不。这些学生通过了新陈代谢化验，结果显示，一个人烦闷的时候，他身体的血压和氧化功能会有所下降。人们觉得工作有趣的时候，他的新陈代谢功能就会加速。

所以，我们在做令人兴奋的工作时，很少感到疲倦。比如，我最近在加拿大落基山的路易斯湖畔度假，在那儿钓了好几天的鲑鱼。我穿过一人多高的灌木丛，跨越很多倒在地上的树干。8个小时之后，我却丝毫没有感到疲倦。为什么呢？因为我非常兴奋，兴致勃勃，而且觉得自己颇有成就——我钓了6条大鲑鱼。如果我把钓鱼视为一件令人烦闷的苦差事，那么，你认为我会有什么感觉呢？我一定会在海拔7000英尺的高山上筋疲力尽。

即使像登山这类消耗体力的活动，恐怕也不如烦闷那样容易使你疲劳。明尼阿波利斯农工储蓄银行的总裁斯·赫·金曼先生曾告诉过我一件事情，恰恰可以证明这一点。

1953年7月，在加拿大政府的邀请下，加拿大阿尔卑斯登山俱乐部协助威尔士军团进行登山训练，金曼先生就是被请来的教练之一。教练的年龄在42到59岁之间，他们要带着年轻的士兵长途跋涉，越过很多冰河和雪地，再利用绳索和一些简单的工具爬上40英尺高的悬崖。在小月河山谷，他们攀登了许多高峰。经过15个小时的登山运动之后，那些刚刚接受完6个星期严格军事训练、非常健壮的年轻人全都疲惫不堪、筋疲力尽。

他们感到疲劳，是否因为他们军训期间肌肉锻炼得不够结实？任何一个接受过严格军训的人都会知道，这个问题荒谬至极。他们之所以觉得疲劳，是因为他们对登山感到厌烦。许多士兵十分疲倦，没有吃饭就睡着了。可是，那些年龄是士兵两倍的教练又怎么样了呢？不错，他们也感到疲倦，但不至于精疲力竭。他们吃了晚饭，又坐在那儿聊天。他们之所以不会疲惫不堪，是因为他们对登山有莫大的兴趣。

经过多次调查和实验，哥伦比亚大学的爱德华博士得出结论：烦闷才是工作能力下降的真正原因。

如果你是一个脑力工作者，那么，你正在做的工作不会让你感到烦闷，而那些没有做的工作才会使你感到苦恼。比如，上周的某一天工作糟透了：你没有回复信件，约会被取消，麻烦将接踵而至。那一天简直就是一个倒霉日，你疲惫不堪、头疼欲裂地回到家里。然而，第二天，事情向着好的方向发展：你的工作效率很高，一切都远远好于第一天，那么，你回到家的时候，就会感到神清气爽。你我都有过这种经历。这个例子说明，我们之所以烦闷，不是因为我们的工作本身，而是因为忧虑、紧张和愤慨。

就在撰写此书的过程中，我看了杰罗米·凯恩的音乐喜剧《展示船》。剧中的主人公说道："能做自己喜欢的事情的人，是最幸运的人。"这是因为他们精力更充沛，也更快乐，却很少忧虑和疲劳。

下面是一位打字员的故事：

她在俄克拉荷马州突沙城的一家石油公司工作，每个月都要做一件最枯燥无聊的事情：填写石油销售报表。为了提高工作情绪，她想出一个办法，把它变成了一项有趣的工作。她怎么做的呢？她每天跟自己竞赛，她统计出上午填报的数量，然后争取在

没有问题

下午打破这个纪录。接着，她统计出第一天填报的总数，争取在第二天打破纪录。她的速度比别人快了很多，不但防止烦闷带来的疲劳，而且还节省了体力和精神，在闲暇时间拥有了更多的快乐。这个故事基于真人真事，故事的主人公是我的妻子。

下面是另一位打字小姐的故事。她叫维莉·哥顿，家住伊利诺伊州爱姆霍斯特城。她发现，假装喜欢工作很有意思。她给我写信，叙述了下面的故事：

"我们办公室一共有4位打字员，分别替人打信件，经常因工作量太大而加班加点。有一天，一位副经理坚持要我把一封长信重打一遍。我告诉他，信件不需要全部重打，只要稍加改动就行。可他对我说，如果我不重来，他就要另雇他人。我气得要死，但是，为了这个职位和薪水，我只好假装喜欢，重新打了这封长信。干着干着，我发现如果我假装喜欢工作，我真的就会喜欢到某种程度，而这个时候，我的工作速度也会加快。这种工作态度使我得到了大家的好评。后来一位主管了解到，我乐意做一些额外工作，从不抱怨。于是，他请我去做了他的助手。心理状态的转变给我带来了奇迹。"

哥顿小姐运用了威廉·詹姆斯教授的"假装"哲学。他教我们，要"假装"快乐。如果你"假装"对工作有兴趣，那么，假装会使你的兴趣成真，从而减少你的疲劳、忧虑和烦闷。

几年前，哈蓝·霍华德做了一个改变他生活的决定，把一个没有意思的工作变得很有意思。他的工作确实没有意思，他在高中福利社洗盘子、擦柜台、卖冰激凌，而别的男孩却在玩球或跟女孩子约会。他很讨厌这份工作，但是，他别无选择。于是，他决定利用这个机会研究冰激凌。他研究冰激凌的制作工艺、配料以及口味。对冰激凌成分的研究，让他成为了所在高中化学课的天才。渐渐地，他对食品化学产生了浓厚的兴趣。高中毕业后，他考进了马萨诸塞州公立大学，专门研究食品与营养。有一次，纽约可可公司举办了关于可可和巧克力应用方面的有奖征文活动，奖金高达100美元。你猜谁赢得了头奖？一点没错，正是哈蓝·霍华德!

后来，他发现工作难找，就在马萨诸塞州安荷斯特城自家的地下室开了一家私人化验室。开业不久，当局通过了一条新法案，即牛奶所含细菌数目必须严格控制。于是，哈蓝·霍华德开始为安荷斯特城14家牛奶公司检测细菌。由于工作量太大，他又雇了两个助手。25年以后他会怎么样？哈蓝·霍华德很可能成为这一行业里的领军人物。而当年从他手里买过冰激凌的那些同学，则可能穷困潦倒，失业在家，抱怨自己一直找不到好工作。其实，如果哈蓝·霍华德没有尽己所能，把一件很没意思的差事变得有意思，恐怕他也同样没有机会得到一份理想的工作。

同样也是多年以前，另一个年轻人在一家工厂干着烦闷的工作。他叫山姆·瓦克南，整天站在车床边，加工螺丝钉。他感到工作非常乏味，想辞职却又怕找不到别的工作。既然别无选择，那就让这个工作变得有意思吧。他下定决心以后，就和身旁的机器较起了劲。领班对他的生产速度和质量颇为赞赏，不久就给他升职。当然，这只是一连串升迁的开始。最后，山姆·瓦克南成了包尔温机车制造公司的董事长。如果他没有设法把工作变得有意思，那么，他也许一辈子只能做一名工人。

赫·维·凯特伯恩是闻名遐迩的电台新闻分析家。他曾告诉我怎样将一件毫无乐趣的工作变得有趣。

22岁那年，他在一艘横渡大西洋的运畜船上工作，为船上运载的牲口喂水和饲料。后来，他骑着自行车周游了英国，接着到了法国。到达巴黎的时候，他花光了所有的积蓄，只得把随身携带的相机当了。他在巴黎版的《纽约先驱报》上登了一则求职广告，找到了一份推销立体观测镜的差事。他不会说法语，但是，在挨家挨户推销了一年以后，他居然赚了5000美元，成了当年法国收入最高的推销员。

他是怎样创造奇迹的呢？

他请老板用纯正的法语把他应该说的话写下来。在熟记这些日常用语之后，他挨家挨户去按人家的门铃。家庭主妇开门之后，他就开始背诵老板教给他的推销用语。他一口带着美国口音的法语，十分滑稽可笑。然后，他趁机递上实物照片。如果对方问一些问题，他就耸耸肩说："美国人，美国人。"同时摘下帽子，把藏在帽子里的讲稿指给人家看。那些家庭主妇当然会大笑起来，他也跟着大笑，然后再给对方看更多的照片。

凯特伯恩讲述这些事情的时候，确实觉得这项工作很不容易。他之所以能坚持下去，就是依靠一个信念：他要把这个工作变得有趣。

每天早上出门之前，他都对着镜子里的自己说："凯特伯恩，如果你要吃饭，你就得做事。既然非做不可，你为什么不做得好点儿呢？你就像一个演员，正站在舞台上，下面有很多观众正注视着你呢。你现在做的事就是演戏，为什么不快乐点儿呢？"

马可·奥勒留

他告诉我，他就是靠着每天给自己打气，把一个又恨又怕的差事变成了一个他喜欢的赚钱工作。

我问凯特伯恩先生，是否可以给急于成功的美国青年一些忠告。他说："每天早晨跟自己打一个赌。我们常常觉得，需要做一些运动，才能让自己从半睡半醒的状态中唤醒。其实，我们更需要一些精神和思想上的运动，促使我们开始行动。每天早上给自己打打气吧。"

每天早晨给自己打气。这是不是一件很傻、很肤浅、很幼稚的事呢？当然不是。其实，这在心理学上举足轻重。1800年前，马可·奥勒留在其著作《沉思录》中写道："我们的生活，皆由我们的思想创造。"今天，这句话同样也是真理。

要不断地提醒自己，你就会得到喜悦、勇气、思想和平静；对自己说一些令你感激的事情，你的内心就会充满快乐。保持正确的想法，你的工作就会变得有趣。老板希望你对工作感兴趣，为他赚取更多的利润。不过，我们先把老板的希望放在一边，考虑一下，如果你对工作产生兴趣，你将有什么收益。你可以提醒自己，一份有趣的工作能让你感到加倍幸福。提醒自己，你将一半的时间花在了工作上，如果你在工作中得不到快乐，你在别的地方也不可能找到幸福。提醒自己，如果你对工作有兴趣，你将不会纠结于忧虑。那么，你就会把疲劳降到最低，最终给你带来升迁和发展的机会。即使你做不到这些，至少你可以减少疲劳和忧虑，更好地享受自己的闲暇时光。

如何摆脱失眠的困扰

如果睡眠不好，你会感到忧虑吗？国际知名的大律师塞缪尔·乌特梅耶一辈子没有好好睡过一天。

大学时代，他必须忍受两件事情：哮喘病和失眠症。这两种疾病几乎无药可医。于是，他决定好好利用自己的失眠。他没有辗转反侧，而是博览群书。结果，他的每门功课在班里都名列前茅，成了纽约城市大学的奇才。

他当了律师以后，仍然饱受失眠症的困扰。但是，他一点也不忧虑。他说："管它呢，上帝自会关照一切。"

事实的确如此。他虽然每天睡得很少，健康状况却一直良好。他的工作业绩超过了同事，原因就在于别人睡觉的时候，他依然清醒。

21岁的时候，他的年薪已高达75000美元。1931年，他在一桩诉讼案中得到的酬金创造了历史上律师收入的最高纪录：100万美元。

但是，他仍然无法摆脱失眠症的困扰。他把晚上的一半时间用于阅读，凌晨5点就早早起床。大多数人刚刚开始工作的时候，他差不多已经完成了工作的一半。他一直活到81岁，一辈子却难得睡上一个好觉。但是，他没有为失眠而焦虑烦躁。否则，他的人生可能早就毁了。

我们的一生有1/3的时间都在睡觉，可是没人知道，睡眠到底是怎么一回事儿。我们只知道，睡觉是一种习惯，是一种休息状态。但是我们不清楚，每个人需要几个小时的睡眠，更不清楚，我们是否非要睡眠不可。

有个例子简直令人难以置信。一战期间，一个名叫保罗·柯恩的匈牙利士兵，脑前叶被子弹打穿了。伤愈以后，他再也无法睡眠，但他并不觉得困倦。医生说他活不了多久，但他却证实，医生的话大错特错。他找到一份工作，健康地生活了许多年。有时他会躺下闭目养神，却从来不能进入梦乡。他的病例是医学史上的一个谜，推翻了我们对睡眠的许多传统观点。

睡眠时间因人而异。托斯卡尼每晚只睡5个小时，而凯文·柯立芝总统每天却要睡11个小时。

因失眠导致的忧虑所产生的损害远远超过失眠本身。我的一个学生伊拉·桑德勒差点因为严重的失眠症而自杀。下面是他的故事：

"最初我睡得很沉，闹钟都无法把我吵醒，结果我每天早上上班都要迟到。老板警告我，如果我再睡过头，就炒我鱿鱼。一个朋友向我建议，睡觉的时候把注意力集中到闹钟上。结果，那该死的滴答滴答声让我彻夜难眠，翻来覆去，焦躁不安。到了早晨，我几乎无法动弹。就这样，我一直受了两个月的折磨。我觉得自己一定会精神失常。有时我会在房间里走来走去，一走就是几个钟头，我甚至想从窗口跳下，一死了之。

"最后我找了一位医生。他说："伊拉，我没有办法帮你。如果你每天晚上无法入睡，就对自己说：'我才不在乎睡着睡不着呢。即使醒着躺在床上，那也能得到休息。'我照他的话做了，结果，不到两个星期，我就能安然入睡。不到一个月，我的睡眠时间就恢复到了8个小时，精神上也摆脱了痛苦。"

折磨伊拉·桑德勒的不是失眠症，而是失眠引起的焦虑。

纳桑尼尔·克里特曼博士是芝加哥大学的教授，也是睡眠问题专家。他说，那些为失眠忧虑的人获得的睡眠通常比自己想象的要多得多。那些发誓说"昨晚眼睛都没闭一下"的人，实际上可能睡了几个钟头。我们不妨看个例子。19世纪著名的思想家斯宾塞，到了老年的时候仍是孤身一人。他整天都在谈论自己的失眠问题，弄得别人烦得要命。他在耳朵里带上耳塞，用以抵御外面的吵闹，有时甚至靠服用鸦片进行催眠。一天晚上，他和牛津大学的塞斯教授下榻在旅馆的同一个房间。次日早晨，斯宾塞抱怨说，自己整夜未眠。其实，真正一宿没有合眼的是塞斯，因为斯宾塞的鼾声吵了他一夜。

要想好好地睡上一觉，第一个必要条件就是要有安全感。托马斯·海斯洛普医生说：祈祷是最好的自我催眠方法。对于那些习惯祈祷的人士而言，祈祷是最好的心灵镇静剂，也是最好的神经镇静药。

詹尼特·麦克唐纳告诉我，无法入眠的时候，她会不断吟诵《圣经·诗篇》里的第22节诗篇："耶和华是我的牧者，我必不至缺乏。他使我躺卧在青草地上，领我在可安歇的水边……"

如果你不信仰宗教，不妨采用物理疗法。大卫·哈罗·芬克博士在其著作《消除神经紧张》中，提出了与自己身体交谈的方法。他认为，语言是一切催眠法的主要关键。如果你要从失眠状态中解脱出来，你就对自己身上的肌肉说："放松，一切放松。"众所周知，肌肉紧张的时候，你的思想和神经就不可能放松。所以，如果我们想要入睡，就必须从放松肌肉开始。然后，我们把几个小枕头垫在手臂下面，使自己的下颚、眼睛、手臂和双腿放松。这样，我们就会不知不觉地进入睡眠状态。

另外一种治疗失眠的有效方法就是使自己疲倦。你可以去种花、游泳、打网球、打高尔夫球、滑雪，等等。名作家德莱塞就是这样做的。当年，他还是一个为生活挣扎的年轻作家的时候，也曾经饱受失眠产生的忧虑的折磨。于是，他到纽约中央铁路，做了一名铁路工人。他钉道钉、铲石子，工作了一整天之后，瞌睡得连晚饭都不想吃了。

如果我们十分疲倦，即使我们是在行走，造化也会强迫我们入睡。我13岁的时候，父亲要把一批猪运到密苏里。因为有两张免费车票，他就把我也带了过去。我那时还从未去过那么远的地方，所以到达目的地的时候，我已经精疲力竭。看到了高楼大厦和电车，我感到非常惊奇。在度过令人兴奋和激动的一天之后，我们返程回家。凌晨两点，我们乘坐的火车到达莱文镇，可是我们还要步行4英里才能回到农场。下面才是故事的精彩之处呢！我疲惫不堪，走着走着，竟然进入了梦乡！骑马的时候，我经常在马背上酣然入梦。我说的千真万确！

一个人筋疲力尽之后，即使电闪雷鸣，战火纷飞，他也照样能够睡着。著名的神经科医生佛斯特·肯尼迪博士告诉我说，1918年，英国第五军团撤退的时候，他就见过疲惫的士兵随地倒下，睡得像昏死过去一样。虽然他用手撑开他们的眼皮，他们仍不会醒来，眼球只是在眼眶里向上滚动。"从那以后，每当我无法入睡的时候，就把我的眼珠翻到那个位置。不到几秒钟，我就会开始打哈欠，昏昏欲睡，这是一种无法控制的自然反应。"

没有谁会因为拒绝睡神而自杀。无论他有多强的自控力，造化都会强迫他入睡。我们可以不吃东西、不喝水，硬撑一段时间，却不能不睡觉。

亨利·林克博士是心理问题公司的副总裁，他曾经与很多忧虑颓丧的人交谈。在《人的再发现》一书中，他讲述了一个人企图自杀的故事。面对一个要自杀的人，他知道怎么劝说都没什么用。于是，林克博士对他说："反正你要自杀。那么，你至少也要像个英雄，绕着这条街跑到累死为止吧。"

那人尝试了不止一次，而是几次。每一次奔跑，他都会觉得好受一些。到了第三天晚上，林克博士终于达到他想达到的目的。由于极度疲劳，那人睡得很沉。后来，他加入了一个体育俱乐部，参加各种运动。不久，他就产生了永远活下去的念头。

不为失眠而忧虑的5条法则如下：

1.如果你睡不着，就起来工作或看书，直到你打瞌睡为止。

2.从来没有人因缺乏睡眠而死，担心失眠对你的损害会比失眠本身更糟糕。

3.试着祈祷。

4.全身放松，看一看《消除精经紧张》这本书。

5.多运动，让你因体力疲惫而无法保持清醒。

爱迪生在做实验

第八篇
如何找到称心如意的工作

人生中的重要决定

如果你未满18岁，那么在不久的将来你将面临两大抉择：一个是每天都在变化并且影响你一生的抉择，另一个是对你将来幸福、收入和健康有重大影响的抉择。

这两大抉择分别是什么呢？

第一个抉择：你将来靠什么生活？你要做一个农民、邮递员、牧师、伐木工、速记员、大学老师，还是卖汉堡的服务员？

第二个抉择：你将来如何择偶？

所有的这些抉择都不确定，都带有赌博的性质。哈里·爱默生·福斯迪克在《看穿一切的力量》一书中写道："在抉择的时候，每个人其实都在豪赌，他必须以生命作为筹码。"

那么，如何才能降低风险呢？

首先，如果可能，试着找到一份自己喜欢的工作。我曾经询问著名的轮胎制造大亨大卫·古德里奇，成功的首要条件是什么。他回答说："在工作中找到乐趣是最重要的。如果你享受工作的乐趣，你可能乐意长时间地做事。那时，工作不像工作，而像玩耍。"

爱迪生就是一个很好的例子。爱迪生，这位改变美国工业时代的伟人，在自己的实验室里一天能待18个小时，吃住都在里面。对他而言，工作并非折磨，而是享受。他说："我觉得，自己从来没有工作过。对我而言，它只不过是一件有趣的事情而已。"

难怪他功成名就！

查尔斯·斯瓦伯也有类似的言论。他说："如果一个人有永不衰竭的精力，那么，他做任何事情都可以成功。"

但是，如果你不知道自己要做什么，你怎么能有工作热情呢？艾德娜·科尔夫人曾经为杜邦公司招聘千名员工。她说："我认为最大的悲哀在于，许多人根本不知道自己要做什么。如果你在工作中除了得到工资以外，什么都没得到，那就太悲哀了。有些大学生只是询问，能否得到一个职位，仅此而已。这些大学生说：'我有某某大学的学士学位。你们有合适我的工作吗？'他们根本就不知道，自己能做什么，想做什么。事实上，找到正确的工作对你的健康非常重要。"约翰·霍普金斯大学的莱默德·皮尔博士与保险公司合作，开展了一项科学研究。他发现，长寿的最重要条件就是健康。正如托马斯·卡莱尔所说："上帝保佑那些找到工作的人：他应该别无他求了。"

我最近采访过石油公司的高管保罗·伯顿。他凭借20多年面试75000名求职者的经验，撰写了《找到工作的办法》这本著作。我问他："现在的年轻人找工作的时候，犯下的最大错误是什么？"他回答说："他们不知道想做什么。一个人买衣服花费的时间比找工作的时间还长。衣服过几年就不能穿了，但是，工作是影响一个人将来健康和心情的重要因素。他连这个都做不好，还能做好什么呢？"

怎么办？职业规划是目前出现的一种新兴职业，也许它可以助你一臂之力。但是，它也可能会误导你。一切取决于职业规划师的能力和性格。这种职业没有形成系统的体系，但前景很好。你如何利用它呢？你可以参加职业测试，接受职业建议。

建议只是建议，最后的决定取决于你。记住，职业规划师的建议并非完全正确，他们之间也会有不同的见解，甚至会犯严重的错误。比如：一个职业规划师建议我的一个学生从事写作，仅仅因为他有很大的词汇量而已！多么荒谬啊！写作根本就不是那么简单的事情。最好的创作是把你的思想和情感传达给读者，你必须要有思想、经历、例证、激情和信服力，写作与词汇量大小关系不大。如果他成为作家，只会产生一种结果：一个快乐的速记员变成了一个频频遭受挫折的作家。

我想说的是，那些职业规划师跟你我都一样，不是圣人，都会犯错。如果你多咨询几个人，然后分析他们的共同之处，或许就能找到答案。

或许你觉得，这章内容与忧虑毫无关联。事情并非如此。当你知道我们的忧虑、后悔、挫折都是来自我们不喜欢的工作时，你就会恍然大悟。你可以去询问自己的父亲，或者你的邻居，甚至你的老板。英国哲学家和经济学家约翰·斯图亚特·穆勒说过："职业失误是社会最大的损失。"是啊，地球上最不开心的人就是那些择业失误的人。

你知道军队里有一种"牺牲品"吗？就是那些职位被安排错误的人！我说的不是战争中的死伤者，而是在服役中无辜牺牲的

约翰·斯图亚特·穆勒

约翰·斯图亚特·穆勒：也译作约翰·斯图亚特·密尔（1806-1873）·19世纪英国著名经济学家和哲学家。其著作《政治经济学原理》在学术界享有的崇高地位·

人。战争期间，著名的心理分析师威廉·门宁戈博士负责士兵的心理精神分析工作。他说："部队里最重要的工作就是选择和安置，把正确的人安置在正确的位置上。如果一个人对自己的工作没有兴趣，他就会觉得自己被耽误了，觉得自己不被赏识，觉得自己的天分被埋没了。即使最后的事态发展结果不是这样，但也会有这样的发展趋势。"

企业中也有类似情况。如果一个人鄙视自己的工作，他也会成为"牺牲品"。菲尔·约翰逊的故事就是例证。约翰逊的父亲有家洗衣店，父亲想让儿子继承父业。但是，约翰逊根本不喜欢这个工作，他整日游手好闲，虚度光阴，有时甚至玩失踪。父亲觉得儿子没出息，没抱负，觉得自己在员工面前抬不起头来。

一天，约翰逊告诉父亲，他想做一名机械厂的技工，他父亲吃惊极了。但是约翰逊自有打算，他穿上油腻的工作服，比在洗衣店工作勤奋多了。即便长时间地工作，他依然高兴得吹口哨呢！他热衷于学习工程学、机械学和组装机器，等等。1944年，他成了波音飞机制造公司的总裁。如果他还留在洗衣店工作，他会怎么样呢？我估计他会毁了那家洗衣店，牺牲自己，最后沦落得一无所有。

我要提醒年轻人，如果你遵从家人的意见去找工作，你还是要冒风险的。不要盲从家人的建议，而是要慎重考虑家人的意见，毕竟他们具有多年积累的经验。但是，最后的抉择在于你本人。

诸位，下面是本人的一些建议，希望对你选择工作有所帮助：

1.哥伦比亚大学的哈里·德科特·季森教授是美国知名职业规划大师。他总结出5条建议，作为你选择职业规划师的注意事项。请谨记：

A．不要相信那些能够分析你"就业天资"的咨询者。他们根本就是面相学家、占星家和性格分析师，他们的分析对你毫无用处。

B．不要相信那些能够分析出你应该选择什么职业的说法。这种人是在挑衅职业规划师的职业道德。职业规划师应该根据咨询者的个人情况，并考虑生理、社会、经济条件等因素，从而提供更加广泛的就职范围，供咨询者参考。

C．找一个具有足够专业知识的职业规划师。在咨询的时候，你可以对他进行验证。

D．一个专业的职业规划师通常会跟客户进行多次商谈。谁都不可能见一次面就确定你最后的职业方向。

E．绝对不要相信那些通过邮件为你提供职业建议的人。

2．绝对远离那些已经"爆满"的职业。世上能够挣钱的方式有千万种，但是，年轻人起初并不了解这些。一所学校的调查显示，2/3的男生把自己的未来职业选择局限于五个领域，4/5的女生也是这样。这就是为什么有些职业如此热门的原因了。要注意避免自己涉足那些竞争激烈的行业：法律、新闻出版、广播、电影和那些"具有魅力"的职业。

3．绝对不要选择那些难以维持生计的职业。

保险业就是一个明显的例子。每天成千上万的人，其中大部分是无业人士，以推销人寿保险开始自己新的生活，很少考虑将来的后果。最近的20年里，富兰克林·百特格是全美最好的保险销售员。他说，90%从事保险业的人刚开始都会觉得伤心和失望，一年之内放弃这个职业。在留下来的1/10职员中，1/10的人能够完成90%的保险份额，其他9/10的推销员只能售出10%的保险份额。换言之，如果你开始推销保险，一年内放弃的几率是9：1，你每年挣到10000美元的几率为1：100。即使你最后留了下来，那么你能维持生计的几率也只有1：10。

4．花费足够的时间，慎重地决定你将要从事的职业。怎么做呢？在你希望从事的领域里，有许多前辈奋斗了10年、20年。他们经验丰富，你不妨咨询他们。

对你而言，这些拜访至关重要。我可以拿自己的经历来阐释这点。二十几岁的时候，我咨询了两位老者。回首往事，我意识到，那两次拜访是我事业的转折点。事实上，如果没有那两次拜访，我不敢想象现在的生活会是什么模样。

那么，你怎样获得那些职业规划的拜访机会呢？假设你要做一位建筑师。在你做出决定之前，你应该去拜访你所在城市和邻近城市的建筑师们。你可以在电话簿中找到他们的电话和住址，然后给他们办公室打电话，约定见面时间。你可以在见面之前写下自己的希望：您能给我一点建议吗？我需要您的建议。我18岁了，想要成为一名建筑师。在我决定之前，想向您咨询一下。如果您在办公室太忙，没有时间，那么，您能否给我半小时的时间让我到府上拜访？如果可以，我将感激不尽。我想请教您以下几个问题：

A．如果您重新来过，还会选择建筑师这个职业吗？

B．在您对我进行评估之后，您觉得我成为建筑师的几率有多大？

C. 建筑师这个职业是不是很热门？

D. 如果我有研修4年建筑专业的资历，找工作会不会很难？开始的时候我应该做什么工作？

E. 如果我的水平一般，那么第一年的薪水会有多少？

F. 做一个建筑师有什么优势与不足呢？

G. 如果我是您的孩子，您会建议我从事建筑师这个职业吗？

首先，找一个同龄人陪你一起去，可以提高自信。如果找不到同龄人，就让你的父亲和你一起去。

然后，你要牢记，你请求那位长者给你建议，其实是在恭维他。记住，年长者都愿意给年轻人建议，那位建筑师说不定会喜欢你们的会见。

如果你不愿意写信，那么你可以不用预约，直接到那个人的办公室。你告诉他，如果他能给你建议，你将感激不尽。

如果你找了5位建筑师，而他们都没回信，你就另找他人。总有人愿意见你，并给你提供宝贵建议。这些建议足够让你在找工作的时候节省时间，舒缓情绪。

记住，你是在做人生中最重要的两个抉择。所以，行动之前你要了解事实。否则，你将追悔莫及。

5. 不要局限于狭隘的观念，认为你仅仅适合一种工作。作为一个普通人，你会在某些行业里失败，但也会在某些行业里成功。以我为例：从某种程度来说，如果从事下列行业，我有可能取得成功：我所指的行业包括农业、水果业、科学农业、医学、零售业、广告业、报纸业、教学和林业。如果我从事下列职业，我肯定失败：这些行业包括图书销售、土木建筑、机械贸易以及其他。

美国石油大王约翰·洛克菲勒

第九篇
如何减轻你的财政担心

我们担心的事情70%来自金钱

如果我知道如何解决每个人的财政问题，就不会坐在这里舞文弄墨了。我会坐在总统身边，为白宫工作。但是，有件事我可以助你一臂之力：我能援引一些专家的建设性建议，供你参考。

《妇女家庭杂志》刊登文章说，调查发现，我们70%的担心都与金钱有关。乔治·盖勒的研究表明，许多人深信，如果收入能够增加10%，他们就不会再为金钱担心。对于某些人而言，这也许是正确的。但是，对于大部分人来说，情况并非如此。在撰写这部书稿期间，我曾经拜访埃尔维斯·斯特普林顿女士，她是纽约沃纳梅克百货公司的资深财政顾问。她还担任私人顾问多年，帮助那些担忧自己财政的人士，这些人从年收入不到1000美元的搬运工，到年薪10万美元的公司高管。她告诉我说："增加收入不是解决财政担忧的有效方法，事实上，我经常看到许多人收入增加之后，花费也会增加，事情只会令当事人更痛苦。导致大多数人忧虑的原因不在于他们是否有足够的金钱，而是他们不知道如何合理地花钱。"读到这里的时候，也许你对这句话不以为然。不过，你要记得，埃尔维斯·斯特普林顿女士说的是大部分人。也许这些人并不包括你本人，但是，其中可能就有你的兄弟姐妹。

大部分读者会说："如果站在我的位置上思考，你肯定不会说得这么轻松，你一定会改变现在的想法。"我要说的是，我也曾经经历财政忧虑。我每天在玉米地里辛苦劳动10个小时，每小时挣到的工资不足0.5美元，我当时的最大梦想就是不再从事体力工作。

我知道，在一间没有浴室和自来水的房子里生活20年是什么滋味；我也了解，在零下15度的卧室里睡觉是什么滋味；我知道为了省下车费，穿着破损的鞋子和裤子步行好几英里的窘境；我还知道在餐馆里点最便宜的菜是什么滋味；我也了解因为没有钱熨烫衣服，只能在睡觉时把裤子叠好压在床垫下面的无奈。

即使在那样困难的日子里，我还会省下1/4的收入。我害怕没钱。这种经历让我意识到，如果你想避免财政担忧，就要按照企业的方法行事：我们要为花销做一个计划，然后按照计划花钱。但是，绝大部分人都无法做到。我的好友莱恩·石肯是一家公司的总经理，他出版了一本著作，指出一个事实：许多人都不知道怎样处理金钱。比如，他认识的一名会计，在打理公司财务和个人财务方面简直是个天才！不过，我们假设一下，假如会计周五领了工资，在大街上看到一件大衣不错，他没有考虑房租、水电和其他固定开支，就买下了大衣。他的行为原本无可厚非，但是他知道，如果公司在生意上也是这样心血来潮，那么，公司早晚就会垮掉。

你的钱应该如何花销，你自己应该做主。但是花钱有什么原则呢？我们应该怎样做财政预算和计划呢？这儿有11条建议，供你参考。

第一条建议：把花费情况详细记录下来。

15年前，阿诺德·班纳特开始写作的时候，生活困顿，经济拮据。他把每笔开支都记录下来，以便了解每笔钱的去处。他是为了弄清每分钱的去向吗？当然不是，他只是喜欢这样的方式。即使后来他富甲一方，闻名世界，并且拥有一条私人游艇，他依然保持这样的习惯。

约翰·洛克菲勒也有这样的记账习惯。每晚上床前祈祷的时候，他都知道每一分钱的去向。

现在，即便不是为了今后的生活，我们也都应该开始记账了。财政专家提醒我们，通过记账我们可以知道所有钱的去处。如果可能，请坚持3个月。这样，我们就能知道每一笔款项的去处，我们就能量入为出。呵呵，你知道每笔钱的去处吗？如果知道，那你真是千里挑一的人啊！

斯特普林顿女士告诉我这样一个事实：经常有人找她咨询。这些人向她提供很多数据和事实，斯特普林顿女士会一一记录下来。最后，当事人看到结果的时候会大吃一惊："我的钱就是这样花掉的吗？"他们不敢相信这个事实。你是否和他们很相像呢？

第二条建议：做出适合自己的预算。

斯特普林顿女士告诉我，市郊住着两个相邻的家庭，他们的住房一样，收入一样，孩子的数目也一样，但是，他们的预算却大相径庭。为什么呢？因为他们是不同的人。所以，预算必须量身定做才行。

做预算不是为了记录我们生活中的乐趣，而是给我们一种物质安全的感受，一种情感安全和远离担忧的感觉。斯特普林顿女士说："比较而言，做预算的人会更加快乐。"

那么，你应该怎么做呢？首先，正如我所说，把所有的开支罗列出来，然后咨询专家，接受建议。在很多人口超过20000人的城市里，家庭福利机构会很乐意地给你一些财政方面的建议，并根据你的收入，为你打造一份合适的预算。

第三条建议：学会如何花钱。

我说的是如何充分利用你的金钱。许多大公司雇请专业的购物顾问，为公司策划最好的买卖。为什么你就不能效仿呢？

第四条建议：不要因为你的收入而苦恼。

斯特普林顿女士告诉我，最令她头痛的家庭预算是年收入在5000美元左右的家庭。我问她原因。她说："年收入5000美元是许多家庭的目标。在达到这个收入水平之前，他们已经理智而又正常地生活了多年。可是，当他们的收入达到这个水准的时候，他们开始买车、买家具、买新衣服。结果不久之后，他们就会入不敷出，从而变得不如从前快乐。问题就在于，他们花费的速度远远超过工资的增长速度。"

这是自然的事情，我们都想要更好地生活。但是从长远来看，哪一种情况能让我们更加快乐？是严格按照预算生活，还是账单塞满邮箱？

第五条建议：如果你必须借钱，就要提前创造赊账的条件。

如果遇到突发事件，你必须借钱，那么你要记住，人寿保险、债券、储蓄账户都是放在你口袋里的金钱。但是，你一定要确保，自己的保险里有储蓄这项业务。这样，如果你向保险公司借钱，就可以得到"现金价值"。有些"定期保险"有时间限制，不能延期，显然不适合你借钱。因此，规则就是问问题！在你签订保险协议之前，看看是否有这样的条款：在你需要用钱的时候，能够得到"现金价值"。假如你没有保险可以借钱，也没有任何证券，但是你有房有车，或者其他的抵押品，那么，可以去银行申请贷款。

银行对此有严格的规定。他们有自己的行规；他们能索取的利率是法律规定的；他们能够与你公平交易。你遇到财政危机的时候，银行甚至会替你做长远计划，帮你渡过难关。如果你有抵押品的话，就去银行，这是没错的！

然而，如果你没有可以抵押的东西，没有资产，除了工资你没有任何可以做担保的东西，千万不要去借贷公司借钱。他们把自己吹嘘得像圣诞老人一样，但是千万不要相信他们！相对而言，只有少部分公司还算专业、诚信和严格。

他们给那些面临疾病和突发状况的人提供资金，当然，他们收的利息也比银行要高。可是，他们的风险性大，筹资方面花费更多，所以，他们不得不这样做。在去借贷公司之前，先去找你的银行主管，咨询一下哪家借贷公司比较公平。我并不想让你做噩梦！看看下面的例子，你就明白了。

有段时间，报纸上对一些借贷公司进行了调查。我认识的一个人正好是一位调查人员，他叫道格拉斯·勒顿，现在是《你的生活》杂志的主编。他告诉我，那些生活在底层的欠债人的遭遇触目惊心。贷款以50美元为底线，但是，在债务还清之前，这笔贷款就已经增加到了300到400美元了！一旦依靠工资养家的人被公司解雇，他还不起债务，那些贷款公司就会去他家里，"估价"他的家具和值钱的东西，然后将他轰出家门！有的人借的钱并不多，但是，四五年过去了，他们依然没有还清债务！难道这是特例吗？勒顿说："在我们的调查中，这样的例子有很多，为了给这些人解决问题，我们不得不专门设立了仲裁处。"

为什么会发生这样的事情呢？答案当然是各种各样的隐形费用和额外的"法律费用"。在那些借贷公司借钱的时候，你要记住：如果你能保证自己短期内还清债务，那么你的利息就会低一点，而你也会很快摆脱债务。如果到期你不能一次性还清，需要续借，那么你的利息就会高到让爱因斯坦吃惊的地步。勒顿告诉我，有些额外费用是原来债务的20倍，相当于银行收费的500倍之多。

第六条建议：使自己远离疾病、火灾和额外支出。

对于事故、不幸和突发事件来说，保险公司可以赔付。我并不建议你为一切投保，我只是建议你为常见的不幸事件投保。这样，才能让你降低花费，从而减轻你的担忧。

比如我认识的一位女士。去年她在医院待了10天，出院的时候只花了8美元。为什么呢？因为她有医疗保险。

第七条建议：不要把人寿保险以现金支付的形式一次性留给家人。

如果你死后，人寿保险的受益人是你的家人，那么请你不要采用保险费一次支付的方式。

如果那么做，会有什么后果呢？玛丽森·爱波莉女士可以回答这个问题。她是人寿保险公司女士部的负责人，她呼吁妇女们要善于利用保险赔付，而不是用现金的形式提取。她告诉我一个例子：一个妇女得到了20000美元现金的保险赔付，借给儿子做汽车配件生意。生意失败，现在她一贫如洗。另外一个得到保险费的妇女听人劝诱，把大部分保险金做了房地产投资，理由是一年可以有两倍收益。3年后，她只得卖掉了那些房地产，价格却是她购买这些房产原价的1/10。还有一个例子，一位寡妇把钱投资在儿童福利院，结果是一年之后，保险金只剩下15000美元。这样的例子数不胜数。

《纽约邮报》的主编塞维亚·鲍特说："把25000美元放在一个女人的手里，它的寿命不会超过7年。"

几年前，《周六晚间邮报》主刊上刊登了一篇报道："那些妇女没有经过商业培训，没有银行家提供建议，很容易上当受骗。投机分子轻而易举诱骗她们，把丈夫的人寿保险赔付拿去做股票投资，结果却血本无归。任何一位律师都可以举出许多这样的例子。"

如果你想保护你的家人，为什么不试试金融巨头朱·皮·摩根的方法呢？他把遗嘱里的钱留给了16位继承人，其中12个是女人。他没有给她们现金，而是转换成信用金，保证她们每月都有生活保证。

第八条建议：教你的孩子对钱要有负责任的态度。

我在《你的生活》杂志上看到了一篇令人难忘的文章，作者是斯泰拉·文史顿·特托。文章讲述了她怎样教育自己的女儿对钱有负责任的态度。她在银行给女儿开了一个户头，等女孩有了自己的零用钱，就可以"储存"在妈妈那里。如果她想要钱的时候，就拿写上金额的"支票"来兑取。小女孩不仅得到了乐趣，也开始对自己的钱有了一个负责任的态度。

这是教育孩子的一个极好实例。如果你想要孩子学会管理金钱，不妨尝试一下。

第九条建议：如果可能，利用厨房赚些外快。

如果你的预算已经很到位，但还是不能做到收支平衡，你可以做两件事情：一个是责骂、担忧、气急败坏和抱怨，另一个是干点别的事情挣钱。你所做的就是挣钱，满足基本的日常需要。奈莉·斯贝尔女士就是这样做的。1932年，丈夫去世，两个孩子已经结婚，斯贝尔女士一个人居住在三居室的公寓里。有一天，她在一家甜品店吃冰激凌，她看到店里的面包派品相很差。她问店主，想不想要家庭做的面包派，店主同意先要两个试卖。斯贝尔女士说："尽管我的厨艺不错，但是，我以前都有佣人帮忙，我自己烤的面包派不会超过一打。回家之后，我请了一个邻居帮忙做了苹果派。甜品店的反应不错，第二天预订了5个。接下来，甜品店的预订越来越多。我一年里烤了5000个面包派，净赚了1000美元。"她的面包派大受欢迎，于是，她搬出原来的厨房，自己开店，还雇了两个女孩帮忙。即使在战争期间人们也宁愿在她的店前排队，哪怕等上一个小时，只为买到几个面包派。

"我从来没有这么高兴过，"斯贝尔女士说，"我在店里每天工作12到14个小时，从未感到疲倦。我不觉得那是工作，而是我人生中的财富。我给人们带来了快乐，没有时间来感受担忧和寂寞。我的工作填补了失去母亲、家庭和丈夫的空缺。"

我问斯贝尔女士，别的主妇是否都能靠自己的厨艺挣钱，她肯定地说："当然，她们当然可以了。"

劳拉·莘德尔女士也有类似的经历。她开始创业的时候，只有一个小厨房和10美分的本钱。那时她的丈夫病倒了，她必须挣钱给他看病。没有别的经验，没有资金，她只是个家庭主妇。她拿出一个鸡蛋和白糖，在炉子上做出一些糖果，卖给附近学校的孩子们。她每天都在祈祷第二天会更好，能够每天卖出自家做的糖果。第一周里，她不仅挣了钱，而且还对生活燃起了希望。她使自己和孩子们都快乐起来，没有时间担心别的事情。

这个主妇很有抱负，她决定在繁华的芝加哥推销自己的糖果。她找到了一个出售花生的意大利裔小贩，帮她出售糖果，但是遭到那个人的拒绝。于是，莘德尔女士给他了一份样品，他尝了之后觉得不错，才开始帮她出售糖果。第一天就收获颇丰。4年之后，莘德尔女士在芝加哥开了她的第一家店铺。店铺只有8英尺宽。她晚上做糖果，白天拿来出售。现在，她已经拥有了17家分店，其中15家店都开在芝加哥繁华的鲁普街上。

我想要说的是，以上提到的那些家庭主妇不是一个劲儿地担心收入，而是采取了积极的行动。她们都是从小生意开始，她们没有广告，没有工资，没有租金，没有店铺。就是在这样的环境下，她们战胜了危机，渡过了难关。

看看你的周围，你一定会有办法来渡过难关。如果你是个好厨师，你完全可以采用上门授课的方法，教授女孩子烹饪课。

有关如何在闲暇时间挣钱的著作，你本人可以去公共图书馆借阅。

其实对我们来说，机会很多，但是要记住：除非你有天生的推销能力，否则不要尝试上门推销的方式，人们对它很反感。

第十条建议：永远不要赌博。

令人惊讶的是，有些人希望借助赌博赚钱。我认识一个人，他千方百计地说服那些赌徒，说他们完全能够击败老虎机。在他的诱惑之下，那帮缺心眼的家伙对赌博乐此不疲，而这个人却赚得盆满钵满。

我还认识一个博彩登记人，他曾经是我成人班的学生。他告诉我，自己对赌马了解甚多，即便如此，他也不会赢钱。可是，每年人们在赌马方面下的赌注却高达60亿美元，相当于1910年美国国债总数的6倍！那位博彩登记人还告诉我，如果他有冤家对头，最好的报复方法就是诱惑他赌马。我询问他是否可以靠那些所谓的内幕消息赌马，他的回答是：你会输得精光的！

如果决心赌博，我们至少应该聪明一点，看看自己的赔率。你可以参看《怎样计算自己的赔率》这本书，作者是奥斯伍德·杰克布。他是桥牌、扑克牌专家，也是专业的数据分析家和保险统计师。他在这本215页的著作中，详尽地描述了赌徒在赌马、玩老虎机、玩扑克、玩桥牌时候的赔率。这本书并没告诉我们如何依靠赌博赢钱，而是分析了我们赌博的赔率。如果你看到最后的分析结果，你肯定会为那些狂热的赌徒感到惋惜。如果你也有心尝试赌博，这本书至少能够让你节省金钱。

第十一条建议：如果不能改善我们的财务，不要抱怨。

如果不能改善自己的财务状况，我们至少可以改变对待它的态度。记住，每个人都有自己担忧的财务情况。我们担忧，自己赶不上那些富有的中产阶级，而他们则忧虑，自己赶不上那些社会名流。

美国历史上的许多名人都有自己的财政问题。林肯和华盛顿都是借钱凑够路费，参加总统就职的。

如果无法得到自己想要的，我们也不必为此担忧和怨恨。我们应该理智一些，应该善待自己。古罗马著名的哲学家塞内加说过："如果你觉得自己没有得到满足，那么，即使你得到了全世界，你依然不会觉得满足。"

所以让我们记住：即使我们拥有了全世界，我们也是照样只能一日三餐，只在一张床上睡觉。

为了减少财政烦恼，请记住下面的11条原则：

1．把花销情况详细地记录下来。

2．做出一个适合自己的预算。

3．学会如何花钱。

4．不要因为你的收入而苦恼。

5．如果你必须借钱，要提前创造赊欠的条件。

6．使自己远离疾病、火灾和额外支出。

7．不要把人寿保险赔付以现金的形式一次性留给家人。

8．教会孩子对金钱要有负责任的态度。

9．如果可能，可以利用厨房赚取外快。

10．永远不要赌博。

11．如果不能改善自己的财务状况，不要抱怨。

美元上的华盛顿像

丘吉尔像

第十篇
克服忧虑的32个真实的故事

给我重创的六大烦恼

——查·艾·布莱克伍德[1]自述

1943年夏天，似乎所有的烦恼都降临到了我的头上。在过去的40多年里，有爸爸与老公遮风挡雨，我一直生活得无忧无虑。所以，我能轻而易举地摆脱麻烦。但是，六大烦恼突如其来！一时间，我手足无措，夜里我辗转反侧，难以入睡。令人痛苦的六大烦恼是：

1. 男生入伍，我的商业学校面临严重的财务问题。许多没有接受过什么教育但在军工厂上班的女孩，挣的钱居然比我的毕业生要多。

2. 我的大儿子正在服役。与所有家长一样，我整天担心在战场上拼命的儿子的安危。

3. 俄克拉荷马市已经开始征收土地，用于建设机场。我父亲的房子正好在征收范围之内，而我最后得到的赔偿只是原来房价的10%，我害怕失去自己的家园。此外，由于房屋紧缺，我担心能否找到新房，安顿我们一家六口。说不定我们只能在帐篷里安家，而我们居然连购买帐篷的资金都无法筹到。

1　查·艾·布莱克伍德，俄克拉荷马市布莱克伍德—戴维斯商业学校的业主。（原作者注）

4．农场附近正在开凿运河，使得农场的水井干涸。如果挖一口新井，我们需要投入500美元。由于房子很快要被征收，这笔钱估计也是打了水漂。我只好自己挑水来喂牲口，而且整个战争期间，事情都会如此。

5．我住的地方距离商业学校有10英里远的路程。我没钱购买新轮胎，所以担心，哪天我的老爷车爆胎，突然抛锚，停在一个前不着村后不着店的地方，那我就惨了。

6．我的大女儿提前一年高中毕业。她一心想上大学，我却没钱供她。她知道这个情况以后，肯定会很伤心。

一天下午，我坐在办公室里，考虑着困扰我的六大烦恼。我决定把它们都写下来，这些烦恼都是难啃的骨头，我感到自己力不从心。既然我已经无能为力，干吗还要在这个清单上纠结？我把打出来的烦恼清单搁在了一边。几个月的时间过去了，我把清单忘得一干二净。一年半之后，我整理资料，再次看到清单。我带着极大的兴趣看完了清单。我发现，自己担心的事情一件也没有发生。最后，那六大烦恼是这样解决的：

1．我担心我的商业学校可能倒闭。我的担心纯属庸人自扰——

政府决定利用商业学校培训老兵，我的学校很快就招满了人。

2．我担心在军队服役的儿子。我的担心一样毫无道理——他已经安然回家。

3．我担心自己的房子被征收，用以建设飞机场。我的担心毫无意义——我家附近发现了油田，建设飞机场的事情就此搁浅。

4．我担心没水喂牲口。我的担忧纯属白费工夫——得知土地不会被征收的消息之后，我就挖了一口深井。

5．我担心汽车爆胎。我的担心毫无道理——我翻新了轮胎，小心驾驶，一切都还能对付。

6．我担心女儿上不了大学。我的担心纯属杞人忧天——开学前的两个月，我得到一份帮人审计的兼职，帮女儿筹到了上大学的学费。

经常听人说，我们担心的事情99%都不会发生。可是，直到一年半之前我遭遇并处理了那六大烦恼之后，我才领悟到这句话的含义。

现在，我非常感激这次经历。它给我上了永生难忘的一课，让我明白，我们根本无须为那些根本就不可能发生的事情担心。

记住：今天其实就是你昨天忧虑的明天。不妨自问一下：我怎么知道，自己所担心的事情是不是真的会发生呢？

我瞬间就能变成快乐的人

——罗加·维·班布森[1]的高见

当我发现自己情绪低落的时候，我可以在很短的时间内使自己变得快乐起来。

我的方法是：走进书房，闭上眼睛，走到摆放历史书的书架那儿，随便拿起一本书，随意翻开一页，然后睁开眼睛阅读一个小时。我读得越多，我就越发意识到，世界总是处在痛苦之中，人类文明总有濒临灭绝的危险。那些历史书籍充斥着战争、饥荒、贫穷、瘟疫和人类的相互残杀。读完之后，我就会觉得，相比那些历史事件，我现在的处境不算太糟。这样，我可以站在适当的角度审视自己的现实，觉得现在的世界其实在越变越好。

多读历史吧！把你的现实问题放在一万年的历史长河中，它们简直微不足道！

---

1 罗加·维·班布森，马塞诸塞州著名经济学家。（原作者注）

如何消除自卑情结

——埃尔默·托马斯[1]自述

15岁的时候，我经常处于忧虑、恐惧、不安的情绪之中。我身高6英尺2英寸，但是体重只有118磅，可以说是瘦骨嶙峋，皮包骨头。尽管我有身高优势，但是我很虚弱，从来没有参加过棒球和跑步等激烈运动。同学们都戏谑地称我为"驴脸"。我忧心忡忡，局促不安，不愿意见生人。我家远离公路，距离高速公路也有半英里的路程，而且周围是一片从未开发过的茂密森林，所以我鲜有机会看到陌生人。大部分时间，我都和家人待在一起。

如果忧虑和恐惧一直困扰着我，那么，我注定会成为一个失败者。我每天花很多时间，考虑自己瘦高、虚弱的身体。那种尴尬和恐惧无法用言语来形容。我妈妈是一位教师，她理解我的感受，对我说："儿子，你应该多接受教育。既然你体力不行，那么，就依靠你的脑力生活吧。"

父母没有能力供我上大学，我只能依靠自己的力量。冬天，我捕捉负鼠、臭鼬、水貂和浣熊之类的小动物，来年春天出售，得到4美元的资金。然后，我用这笔钱买了两头猪仔，养到第二年

1　埃尔默·托马斯，俄克拉荷马州前美国国会议员。（原作者注）

秋天之后再把它们出售，得到40美元。有了这笔钱，我去了印第安纳州的一所师范学校。在那儿，我每周的食宿费用是1.4美元，房租是0.5美元。当时，我身穿一件棕色的衬衫，妈妈之所以选择这个颜色，是因为它耐脏的缘故。我的西装是爸爸以前的旧衣服。对我而言，爸爸的衣服和鞋子都不合适。皮鞋的松紧鞋带已经失去弹性，我走路的时候，老是脚和鞋分家。与同学相处让我感到尴尬，所以，我就独自待在房间。当时，我最大的愿望就是能够买得起一件得体的衣服。

不久之后，我身上发生了四件事情。从此，我的忧虑和自卑情结消失得无影无踪。其中一件事情给了我足够的勇气、自信和希望，改变了我以后的人生。

第一件事：入学8周之后，我参加了考试，拿到一份三级证书。这意味着，我可以在乡村的公立学校任教。这份证书的有效期只有半年，但是，它给了我极大的勇气。它第一次证明了，除了母亲之外，别人对我抱有信心。

第二件事：有家乡村学校聘请我去教学，月薪40美元。这更进一步证明了他人对我的信心。

第三件事：拿到工资，我就买了合身的衣服。即使现在有人给我100万美元，我的兴奋程度也不及当时的一半。

第四件事：这是我人生的转折点。在一次集会的演讲比赛中，我赢得了头奖，克服了尴尬和自卑。事情的经过如下：

妈妈鼓励我参加集会上的公共演讲比赛。可是，我觉得不可思议。我没有勇气与陌生人交谈，何况站在一群人面前发表演说。然而，妈妈对我信心十足，并对我寄予厚望。于是，我决定尝试一下，结果我抽到一个自己最不擅长的题目：《美国的美术和人文艺术》。说实话，在准备阶段我根本不知道什么是人文艺术，好在听众也不见得懂行。我对着树和牛背诵演讲稿，复习了不下百遍。为了妈妈，我一心想要有所表现，演讲的时候显得情真意切。令人意外的结果出现了，我竟然赢得了头奖！听众欢呼不已，那些曾经取笑过我的男孩也向我表示祝贺。他们拍着我的肩膀说："我就知道，你一定能行！"妈妈拥着我，喜极而泣。

回首往事，我知道，那次演讲无疑是我人生中的转折点。当地一家报纸看好我的前程，在头版上刊登了我的故事。这次得奖不仅让我变得有名，也使我信心倍增。现在我意识到，如果没有赢得那场比赛，我就不会成为国会议员。正是那次演讲比赛激发了我的潜能，开阔了我的视野。更重要的是，我还赢得了师范学院一年的奖学金。

我对知识的渴求越来越强烈。在1896到1900年这段时间，我一直把精力放在教学和研究上。为了凑够德堡大学的费用，我做过服务生，帮人割过草，夏天帮人耕作，还在建筑工地上做过小工。

1896年，我年仅19岁，却已经做了28场演讲。我呼吁大家，投票选举威廉·詹尼斯·布莱恩当总统，这为我以后从政奠定了基础。我进入德堡大学，主修法律和公共演讲。1899年，我有幸代表学校参加辩论比赛，此外，我还赢得了其他演讲比赛，并且成为了校报和年刊的主编。

拿到学士学位后，我听取了赫里斯·格林雷的建议，去了西南部的俄克拉荷马州，开了一家律师事务所。我在州议会工作了13年，又在下议院工作了4年。50岁那年，我实现了人生的伟大抱负：1907年11月16日起，我被民主党提名为州议员。1927年3月4日，我当选为国会议员。

我讲述自己的经历，并非为了炫耀。我知道不一定有人感兴趣，但是我希望，那些家境贫寒的孩子能从我的经历中得到勇气和信心。此时此刻，他们或许与当年的我一模一样，穿着父亲的破衣服和旧鞋子，心里充满了担忧和自卑。

（作者加注：当年艾尔默·托马斯因为穿着不合身的衣服而感到羞耻，但是，他后来却被评为美国国会最佳着装者。）

我生活在真主的乐园

——理·维·查·勃德莱¹的故事

1918年，我离开自己的家乡，去了非洲素有"安拉乐园"之称的西北部，与撒哈拉沙漠的阿拉伯人生活了7年。我学习游牧民族的语言，穿着他们的服饰，和他们吃一样的食物，去适应他们沿袭了2000年的生活方式。我自己也成了一名牧人，住在帐篷里。我研究他们的宗教，撰写了一本关于穆罕默德的书稿：《神的使者》。这么说吧，我与流浪的牧人生活了7年，那是我一生中最为平静和满足的时光。

在此之前，我阅历丰富：父母是英国人，我却出生在法国，并在那里生活了9年之久。之后，我在伊顿公学和皇家军队学院上学，然后作为一名英国军官，在印度驻守了6年。训练之余，我打马球、狩猎、去喜马拉雅山探险。一战结束之后，我作为使团副官被派往巴黎，可是我在那儿的所见所闻却令人失望。一战期间，我们在西线足足浴血奋战了4年，我确信自己是为了人类文明而战。但是在巴黎和会上，我看到的却是自私的政客如何为第二次世界大战埋下罪恶的种子。各国为了获取更多的利益，大肆进

---

1 理·维·查·勃德莱，托马斯·勃德莱大师的后人，伯德雷图书馆创始人，著有《撒哈拉之风》、《使者》和14部其他著作。（原作者注）

行私下交易，不惜撕破脸皮。

我厌恶战争、军队和社会。最初我彻夜无眠，担心我应该干些什么。劳埃德·乔治建议我进入政界，就在我打算从政的时候，发生了一件不可思议的事。我与有着"阿拉伯的劳伦斯"之称的传奇人物泰德·劳伦斯进行了简短的会谈。他曾经与沙漠里的阿拉伯人一起生活，他建议我如法炮制。起初，我觉得不可思议。

然而，我还是毅然离开了军队。民营企业对于我们这些军人敬而远之，在劳务市场找工作更是难上加难。所以，我决定听从劳伦斯的建议：与阿拉伯人一起生活。至今我很庆幸自己做了这样的选择。

阿拉伯人教会我如何战胜忧虑。像所有虔诚的穆斯林一样，阿拉伯人都是宿命论者。他们相信，穆罕默德在《古兰经》里所说的话都是真主的神意。《古兰经》说："安拉主宰着你和你的一言一行"。他们对此全盘接受。因此，他们生活得平静，休闲，不急不躁。他们相信，一切都是命中注定，唯有安拉可以改变。但是，这并非意味着面对灾难的时候，他们坐视不管，任凭事态发展。我还是举例说明吧。我居住在撒哈拉沙漠的时候，一股强劲的风刮了三天三夜，威力之大，甚至越过地中海，影响到了法国的罗纳河流域。空气里充斥着那股热风，烧灼得我的头发都快焦了。我喉咙干涩，眼睛灼热，满嘴都是沙子，就像站在玻璃厂的熔炉前面一样。我几乎发疯，但是，那些阿拉伯人却毫无怨言。他们只是耸耸肩说："一切都是安拉的旨意。"

等到暴风过后，他们马上开始补救，立刻杀掉那些必死无疑的羊羔，把羊群赶到南部有水的地方喂养，希望保住母羊。做这些事情的时候，他们神色平静，毫无怨言。有位首领说："事情不算太糟。感谢真主，我们没有失去所有的东西。我们还有四成的羊群，可以重新开始。"

还有一次，我们穿越沙漠的时候，汽车爆胎。司机没有携带备胎，我们只能靠着三个轮胎前行。我十分焦躁不安，一直追问他们，应该怎么办才好。他们告诉我，着急不能解决问题，只能使自己更加焦虑。爆胎是真主的旨意，他们无能为力。于是，我们只好歪歪扭扭地前行。最后汽油耗尽，我们再也无法驱车前进。这时，那位首领说："一切都是真主的旨意。"最后，我们一路唱着歌，到达了目的地。

我与阿拉伯人生活了7年，逐渐认识到现代社会之所以有许多精神病患者、疯子和酒鬼，主要原因就是紧张和忧虑的生活。换言之，他们是所谓文明的产物。

在那7年里，我没有任何烦恼，轻而易举地获得了许多人苦苦追求的宁静和满足。

许多人对宿命论不屑一顾，也许他们自有道理。但不可否认，有些事情确实是命中注定，我自己就是一个例子。如果1919年8月那个酷暑的午后，我没有与劳伦斯谈话，那么，我的生活就是另外一番风景。回想以前，你会发现有些事情超出了你的能力范围。阿拉伯人认为，这是真主的旨意。你可以把它当做一种神秘的力量。在离开撒哈拉17年后的今天，我仍然信奉阿拉伯人的乐观精神。它让我保持宁静，比任何镇定剂都要管用。

我们不是穆斯林，我们也不想成为宿命论者，但是，当猛烈的暴风吹来的时候，我们虽然不能阻止，但可以勇敢面对，积极做好补救措施。

消除忧虑的5种方法

——威廉·莱恩·菲尔普斯的高见

在菲尔普斯教授去世不久前的一个下午，我们在耶鲁大学进行了交谈。以下就是他消除忧虑的5种方法。

1. 我24岁的时候，眼睛突然出了问题。只要我看书的时间超过三四分钟，眼睛就会像针扎一样疼痛。最后，即使不看书，我看着窗户也会发生这种情况。我咨询了纽黑文和纽约的顶级眼科医生，但依然无济于事。每天下午4点钟后，我就会坐在房间最暗的角落里，等待着夜幕降临。我很害怕，害怕会失去教学工作，最后不得不到西部，去当一名伐木工人。然而，奇妙的事情发生了。这件事情足以证明，精神力量对于肉体上的痛苦具有不可估量的影响。就在我的眼睛备受疼痛折磨的那个冬天，我应邀为毕业生演讲。演讲大厅里，来自天花板的灯光刺眼，我只能盯着地面。在整整30分钟的演讲里，我的眼睛丝毫没有感到疼痛，即便我直视那些灯光，眼睛也没有不舒服的感觉。但是演讲结束之后，我的眼睛又开始疼痛。

我得到启发：如果我把注意力集中在某件事上，不是30分钟，而是一个星期，那么我的眼睛就能痊愈。很显然，这就是精神力量战胜肉体痛苦的缘故。

后来我在横渡大洋的时候，也有类似的经历。当时由于严重的腰疼，我无法行走，坐着都十分困难。期间，我应邀给乘客作一次演讲。演讲刚刚开始，疼痛和僵硬的感觉就消失得无影无踪。我站得笔直，神采飞扬地讲了一个小时。演讲结束后，我轻松地走回自己的房间。那一刻，我觉得自己已经痊愈。不过，那只是暂时性痊愈，没过多久，我的腰疼又开始发作。

这些经历让我领悟到了精神力量的重要，教会了我尽情享受人生的必要。所以，我把每天都当做人生的第一天和最后一天度过。我热爱日常生活的每个细节，不再为烦恼忧虑。我热爱教师这份职业，撰写了《教学的乐趣》这本书稿。对我而言，教学是一门艺术，我想这就是热情。画家喜欢画画，歌手喜爱唱歌，同样，我热爱自己的工作。每天早晨起床之前，我都会兴高采烈地想起自己的第一批学生。我觉得，成功的一个重要因素就是热情。

2. 我发现，通过阅读自己喜欢的书，可以驱走烦恼。我59岁的时候，患有慢性神经衰弱。于是，我开始阅读大卫·埃里克·威尔森的著作《卡莱尔传》。阅读让我心无旁骛，不知不觉忘记了烦恼，对我身体的康复大有裨益。

3．在我意志消沉的时候，我强迫自己活动起来，每天早上打一会儿网球，然后洗澡，吃早餐，下午再打18洞的高尔夫球。周五晚上我去跳舞，一直跳到凌晨一点。我相信，通过大量的运动，心中的烦恼会随汗水一起消失殆尽。

4．很久之前，我就开始避免紧张和匆忙地工作。我崇尚威尔伯·克洛斯的人生哲学。他担任康涅狄克州州长的时候，曾经对我说："当我为了工作事务烦恼的时候，我会坐下抽烟，放松一个小时。"

5．我知道，耐心和时间是消除忧虑的方法。每每忧虑的时候，我便从更加宽广的角度去考虑问题。我对自己说："再过两个月，这些烦恼还存在吗？那么，我现在还烦恼什么呢？为什么不用两个月后的情形来考虑它呢？"

总之，菲尔普斯教授有5个妙招驱走忧虑：

1．依靠热情和兴趣生活。

2．阅读一本自己感兴趣的书。

3．做运动，借助排汗消除忧虑。

4．工作的时候要学会放松。

5．从更加宽广的角度来考虑问题，对自己说："再过两个月，这些烦恼还存在吗？那么我现在还烦恼什么呢？为什么不用两个月后的情形来考虑它呢？"

战胜昨天，就能撑到今天

——德乐西·迪克斯的故事

我曾经历了极度的贫穷，饱受疾病的折磨。每当有人问起我如何度过了那些痛苦的日子，我总是回答："战胜昨天，就能撑到今天。我不允许自己想象明天会发生什么。"

我体会过欲望、挣扎、忧虑和绝望的感觉，我总是工作到体力透支。回首以前的生活，我觉得它就像是一个充满了破碎希望和梦想的战场。在这个战场上，我与无常的命运抗争，结果弄得自己满身伤痕，身心疲惫，提前衰老。

但是，我并不为自己感到可惜，我没为过去流泪，也不去羡慕那些幸运的人——因为我存在过，真正地生活过。别人仅仅浅尝了生活的泡沫，而我已经体味了整个人生。我了解他们并不了解的事情：眼睛只有经过眼泪冲洗，才能具有开阔的眼界。

大学时代我就领悟到了一个道理：没有谁能够轻而易举地获得安逸的生活。我学会了生活在今天，不为明天而烦恼。要知道，恰恰是那些将来的威胁使我们变得胆小。我的经验就是，当我们面对令人恐惧的事情的时候，上帝会赐予我们智慧和力量。当你目睹整个人生在你面前瓦解的时候，你还会在乎你的仆人忘记在盘子下面放垫子，或者厨师弄洒了汤吗？

　　我已经意识到，不要对别人抱有太高期望，因此，即便与那些缺乏坦诚、无事生非的人交往，我仍能得到快乐。总之，我有一种后天的幽默感，遇到烦恼的时候，我不再歇斯底里，而是微笑面对，有种刀枪不入的感觉。我从不为自己遭受的苦难感到遗憾，正因为这样，我才领悟了人生的意义。这些苦难千金难买！

　　德乐西·迪克斯仅仅生活在今天，所以，她克服了忧虑。

我并不奢望看到黎明

——杰·查·潘尼的启示

1902年4月14日，在怀俄明州一个只有1000人的煤矿小镇上，一个年轻人用500美元开了一家商店，希望自己有朝一日能够成为百万富翁。年轻人和妻子住在阁楼上，把装干货的大箱子当做桌子，小点的箱子当做椅子。他们把孩子放在柜台下的摇篮里，方便随时照看。这家商店就是现在世界上规模最大的布料连锁店的发源地。现在，业主拥有1600家店铺，遍布全美。前不久，我与店主潘尼先生一起吃饭，他给我讲了自己人生中最戏剧化的一刻。

许多年前，我陷入了极大的忧虑和沮丧之中。这与我的事业毫无关系，我当时的生意如日中天，但是，1929年经济大萧条开始，我与大多数人一样，十分焦虑和担心。我辗转反侧，无法入睡，责备自己无力改变一切。后来，我身患重病，医生建议我好好休息。虽然我接受了治疗，病情却没有好转。我的健康状况每况愈下，这使我更加焦虑、担心和绝望。我看不到一丝希望，觉得自己没有任何人可以依靠。我甚至觉得，家人已经对我不管不顾。一天晚上，医生给我注射了镇静剂，但是不久之后，药力消退，我变得十分清醒。我觉得，这将是我人生的最后一晚。于是，我从床上爬起来，开始给老婆孩子写遗书。我告诉他们，自也不会再看到黎明。

　　次日醒来的时候，我吃惊地发现，自己还活着。下楼之后，我听到教堂里传来歌声。我静静地听着《上帝会眷顾你》这首歌曲，突然觉得，奇妙的事情即将发生。我感到，自己似乎摆脱了地狱，走向天堂，眼前一片光明。我知道，上帝并没有抛弃我，此时此刻，上帝正在拯救我。从此以后，我就不再烦恼和担心。现在我71岁，我人生中最戏剧化的一刻发生在多年以前。在那一刻，我听到了《上帝会眷顾你》这首歌曲，生活变得愉悦。

　　杰·查·潘尼克服焦虑的方法随心而生，所以最为有效。

进行户外运动
——艾迪·伊格[1]的运动解忧法

当我发现自己焦虑，或者陷入精神紧张怪圈的时候，体力运动对我来说是很好的解脱方法。我会跑步，或者徒步旅行，或者在体育馆打半小时的壁球或沙袋。这个方法屡试不爽，非常有效。每周我都会进行大量的运动，比如绕着高尔夫球场跑步，打板网球，或者溜冰。当我体力透支的时候，我的精神也得到了休息。然后，我回去工作，就会头脑清醒，精神百倍。

在纽约工作的时候，我经常去健身房运动。人们在打壁球或者溜冰的时候，根本无暇去想那些烦心的事情。如此一来，那些烦恼的大山很快就会变成土丘，而新的思想或者新的运动就会把它削平。

我发现，对付烦恼的最好方法就是运动。如果你想减少烦恼，那就多用你的肌肉而不是脑子。你会发现，这招十分奏效。对我而言，这招一直都很奏效。只要我开始运动，烦恼立即就消失得无影无踪。

---

1 艾迪·伊格，罗德学术委员会主席，纽约律师，前奥运会轻重量级举重冠军，纽约州运动协会会员。（原作者注）

我曾经是"烦恼之王"

——吉姆·伯德赛尔[1]自述

17年前，我在弗吉尼亚州布莱克斯堡军事学院读书。那时，我是有名的"烦恼之王"。我经常担忧，所以频频生病。我生病的次数如此频繁，以至于校医务室一直为我留有一个床位。只要我出现在医务室，护士就会跑过来，给我注射一针镇静剂。我担心所有的事情，有时候甚至不知道自己为什么担心。我担心学校会因为成绩差而开除我——我的物理和其他科目考试不及格，我必须拿到平均成绩（75～84分）才能毕业；我担心自己的健康状况——我消化不良，还经常失眠；我担心自己的经济状况——我不能给女朋友买糖，不能带她去跳舞；我害怕女朋友会嫁给他人……我郁郁寡欢，整天生活在痛苦的烦恼之中。

绝望之际，我向企业管理学教授杜克·拜尔德倾吐了我的烦恼。

我与拜尔德教授交谈了15分钟，从此，我的大学时光过得非常愉快。他说："吉姆，你应该坐下来面对现实。如果你把烦恼

---

1 吉姆·伯德赛尔，新泽西州泽西市米勒公司的车间主任。

的时间用来解决问题，那么，你早就没有烦恼了。担心只是你养成的不良习惯而已。"

他给我制定了3条清除烦恼的原则：

1．确定你所担心的问题。

2．找出问题的原因。

3．立刻采取建设性的行动，解决问题。

这次谈话以后，我做了很多建设性的计划。我不再担心物理考试不及格，而是开始分析自己失败的原因。我担任了校刊的主编，所以我知道自己并不愚笨。我分析的结果是，我对物理没有兴趣，因为我觉得，它对我从事工程工作用处不大。但是此时此刻，我改变了主意。我对自己说："如果学校规定，通过物理考试才能拿到学位，我能提出异议吗？"

于是，我开始努力学习物理。我刻苦学习，根本无暇忧虑，自然通过了考试。

我从父亲那儿借钱，并且去做兼职，解决了经济难题。毕业后不久，我就还清了父亲的欠款。

我顺利地解决了自己的婚恋问题。我向女友求婚，现在她已经是吉姆·伯德赛尔太太。

回首往事，我意识到，自己当时最大的问题就是没有寻找烦恼的原因，更没有勇气面对它们。

这句话拯救了我

——约瑟夫·理·赛兹博士[1]的金科玉律

许多年前，我陷入了迷惘和彷徨之中，觉得我的整个人生已经失控。一天早晨，我随意打开《圣经·新约》，眼睛落在了一句话上："那差我来的，是与我同在。他没有撇下我独自在这里。"

从那一刻起，我的生活发生了很大变化。我每天重复这句话，所有的事情似乎都变得不同。这些年来，许多人向我求助的时候，我会把这句话转告给他。它给我带来了安宁和力量。对我而言，它是宗教的精髓，它隐藏在万物的本质里面，赋予所有的事物以意义。它是我的金科玉律。

---

1 约瑟夫·理·赛兹博士，美国最古老的神学院新泽西州新布朗斯维克神学院院长。（原作者注）

跌到谷底，就会上升

——泰德·艾瑞克森[1]自述

我曾经整日忧心忡忡，但是，现在一切烟消云散。1942年的一次经历彻底消除了我的忧虑，那次经历使所有的麻烦都变得不足挂齿。

多年以前，我很想在阿拉斯加的渔船上工作一个夏天。于是，1942年，我签约到阿拉斯加迪亚克的一个渔船上工作。船上只有3名成员：负责监督工作的船长，协助船长的副手，以及负责打杂的人，也就是我。

鲑鱼拖网必须配合潮汐，所以，我时常一天工作20个小时。有一次，我持续这样工作了一周。别人不愿意做的事情，统统由我负责。我清洗甲板，维护机器，在狭小燥热的船舱里用小火炉做饭，洗盘子，修船，把鲑鱼搬到运输船上。我总是穿着长筒胶鞋，里面灌满了海水，我却没有时间清理它们。我的工作主要是拉网，看似容易，实际操作却十分困难。我必须把渔网拉上船来，可是，渔网十分的沉。我竭尽全力，一心想把它拖上船头，不想渔网毫无动静，船身反倒陷了下去。我只能使尽全力，一直

1　泰德·艾瑞克森，南加州加利福尼亚国家瓷釉冲压公司代表。（原作者注）

拖着渔网。干了几个星期之后，我感到筋疲力尽，浑身上下疼痛难忍。这种状况一直持续了几个月的时间。

最后，我终于有机会休息了。我把潮湿的被褥放在几个拼凑成床铺的柜子上，倒头就睡。我就像注射了麻醉剂一样，立刻就睡了过去。

我很庆幸，自己经历了这些磨难。它们使我不再忧虑。现在，每当我遇到难题的时候，我不再担心，而是对自己说："艾瑞克森，这比拉网还难吗？"我一准回答："不！怎么会呢！"然后，我打起精神，拿出勇气，直面问题。我相信，偶尔经历磨难未尝不是一件好事。当你处在谷底的时候，你就一定会上升，并取得胜利。与之相比，其他的问题不值一提。

我曾经是世界上最蠢的人
——帕西·赫·怀汀[1]的疑病症

跟那些活着的，已经告别人世的，或者奄奄一息的人相比，我的疾病更多。

我不是一般的疑病症患者。父亲有家药店，我从小就在那里长大，每天都和医生、护士聊天，所以，我比常人更熟悉药品名称和各种病症。我确实有那些症状，我只要为了某种疾病烦恼一两个小时，就会出现那种疾病的所有症状。我记得有一次，在马萨诸塞州的林顿小镇上，流行一种严重的白喉病。许多染病的人都来父亲的药店买药。我开始担忧自己患上了白喉病，而且非常确信。我躺在床上，心里十分焦急，真的感觉到了白喉病的症状。我请来了医生，他帮我检查完之后，告诉我说："是的，你染上白喉病了。"这时，我反倒觉得轻松，不再担心忧虑。我上床，倒头就睡。第二天早上，我又恢复了健康。

许多年来，我因这些疑难杂症得到了大家的同情，也成了大家注意力的焦点。有几次我差点死于狂犬病和破伤风。后来，我发现了更为严重的事情：我竟然患上了癌症和肺结核。

---

1 帕西·赫·怀汀，《销售的五大法则》的作者。（原作者注）

现在，我对它们一笑了之。不过，当时的情形十分悲惨。我一直提心吊胆，真害怕哪天自己一命呜呼。买新衣服的时候，我会问自己："我知道自己将不久人世，干吗把钱浪费在衣服上呢？"

现在，我会高兴地告诉你，在过去的10年里，我并没有"死"过一次。

我是怎么渡过难关的？我对自己荒谬的想法采用了自嘲的方式。每次我感到奇怪的症状时，我就大笑着对自己说："瞧你，怀汀，你已经在20年里患过各种各样的疾病，但你的身体依然健康，保险公司最近还建议你多投保险，你不觉得自己很可笑吗？"

我很快就意识到了，自己不应担心生病，而是应该大笑才对。所以从此以后，我一直以自嘲为乐。

给自己一条后路

——金·奥特瑞[1]的后路

我认为，大部分人的担忧与家庭和金钱有关。我很幸运，娶到了一位和我志趣相投的女孩。我们都很用心地经营家庭，把家庭矛盾减到最小。

我减少财政困扰的方法有两个：

首先，我一直遵循一条原则：借别人的钱一定还清。不诚实引发的麻烦实在太大。

其次，当我开始做新的尝试之前，我总是给自己留条后路。军事专家说，作战的第一条准则就是补给线一定要畅通。这条准则在事业上一样有效。比如，生活在俄克拉荷马州和德克萨斯州的人经常遭受自然灾害。我们家很穷，父亲只能拿马匹来交换粮食。我想要稳定的生活，于是，我在铁路上找到了一份工作，业余时间还学会了发报。后来，我成了铁路公司的电报代班员。我被派往各处，经常为那些因病请假的人顶班，月薪150美元。后来我可以有更好的发展，但是我知道，铁路工作比较稳定，所以我就给自己留了这条后路，以后可以回来工作。除非我找到更好更

---

1 金·奥特瑞，世界著名牛仔歌星。

稳定的工作，否则我就不会放弃它。

1928年的时候，我是一名电报员。有人来发电报的时候，我正好在边弹吉他边唱歌。

他说我唱得不错，应该去纽约登台表演。听到这些，我受宠若惊。当我看到他在电报上的签名，我几乎都要窒息了：他是威尔·罗杰斯！

去纽约之前，我深思熟虑地考虑了9个月。我最终的结论是：我不会失去任何东西，只会受益。我有铁路部门颁发的证件，可以免费乘火车旅行。于是我带着几个三明治和水果，踏上了去纽约的路途。

到达纽约后，我住在每周5美元租金的房子里，饿了就吃快餐，没事就在街上闲逛。这样的情形持续了10周之久，我一无所获。好在我可以回去，继续以前的工作，否则，我不愁死才怪。我在铁路上工作了5年，可以享受一些资深员工的福利。如果我想保住这些利益，就只能离岗90天。我已经在纽约待了70天之久，所以，如果我想保住工作，就必须赶回俄克拉荷马州。回去之后，我又工作了几个月，攒了些钱，再次来到纽约。这次我终于有了收获。一天，我在等候面试的时候，对着接待小姐弹起了吉他，唱了一首《珍妮，我梦中的紫丁香》。我演唱的时候，歌曲的作者走了过来。听到有人演唱他创作的歌曲，他十分高兴。他给了我一封介绍信，介绍我去维克多录音公司。我录了音，但是，因为紧张和表情僵硬的缘故，效果并不理想。我接受了录音公司的建议，回到铁路继续工作。我白天上班，晚上去电台演唱西部歌曲。我喜欢这样的安排，因为它让我没有后顾之忧。

我在一家电台演唱了9个月。期间，我和吉姆·龙合作，创作了歌曲《我的银发老爹》，这首歌迅速流行起来。美国录音公司请我去录制唱片，效果不错，后来就又录了几张唱片，每张唱片的报酬为50美元。最后，我在芝加哥一家电台演唱牛仔歌曲，周薪40美元。我在那儿演唱了4年之后，周薪到了90美元。除此之外，我每晚还在戏院登台演唱，每月有300美元的额外收入。

1934年，机会接踵而至。好莱坞的制片商决定拍一部西部牛仔的电影，他们需要能歌善舞的演员。美国录音公司的老板正好也是制片厂的股东，他推荐了我："如果要找个会唱歌的牛仔，我的唱片公司倒是有一个。"于是机缘巧合之下，我进入了电影界，周薪100美元。虽然我对自己出演的影片没有太大的信心，但是我并不担心。我知道，即使失败了，我还可以回去接着工作。

我在电影界大获成功，令我十分意外。现在，我的年薪为10万美元，外加电影票房的一半分红。然而我很清楚，这并非长久之计，但是我并不担心。因为我知道，无论发生什么事情，即便我失去了所有的金钱，我还是可以回到俄克拉荷马州，继续在铁路公司工作。我永远都会给自己留条后路。

我在印度听到了一个声音
——伊·斯坦利·琼斯[1]的故事

我在印度从事了40年的传教工作。起初，我极度不适应印度的高温天气，工作的时候总是精神紧张。在最初的8年里，我因为疲劳不止一次昏厥。于是，我获准回美国休息一年。在回美国的船上，我再次昏厥，只能在剩下的旅程中卧床休息。

经过一年的休息之后，我又回到了印度。途中在马尼拉当地大学布道的时候，我又晕倒了几次。医生警告说，如果我坚持返回印度，可能就会死掉。我没听从医生的建议，毅然决然地回到了印度。到达孟买的时候，我虚弱到了极点，只好直接上山静养。回到山下继续工作的时候，我旧病复发，于是又上山静养。再回到工作岗位的时候，我发现，自己已经无法胜任这项工作。我开始焦虑、紧张和疲劳，觉得自己的后半生从此完结。

如果不能改变现状，我就只能放弃传教，返回美国，在农场里一边干活一边等候身体康复。那将是我人生中最黑暗的日子。一天晚上，我开始祈祷，一件改变我一生的事情发生了，我听到

---

1 伊·斯坦利·琼斯，美国著名的演讲家和传教士。〔原作者注〕

了一个声音说："你准备好工作了吗？"我回答："没有，我不行。我已经没有力气了。"那个声音说："不要担心，把它交给我好了。我自会处理。"我立刻回答："那就这么办吧。"

我内心立马平静了许多，如释重负。那天晚上，我轻飘飘地回到家中。接下来的几天里，我一直忙碌，却感觉不到丝毫劳累。我似乎得到了人生中最重要的东西——宁静和休息。

我考虑是否要把这件事情公之于众。我有点担心，但最后还是说了出来。从那以后，我听任命运沉浮。20多年过去了，我一直忙忙碌碌，老毛病却再也没有犯过。我觉得，自己被注入了新的活力。经过那些经历之后，我的生活已经到达了一个新的高度。其实，我并没有做什么，只是勇于接受罢了。

后来，我周游世界。有时候忙碌起来，我一天有三次演讲。此外，我还撰写了《基督的印度之路》一书。我从未耽误任何事，也没有迟到过。我摆脱了忧虑，虽然已经63岁，但我仍然精力充沛，乐于助人。

我无法从科学和心理学的角度解释那次经历。不过，这些已经无关紧要。生命的过程原本就比一切伟大。

有一件事我确信不疑：31年前，在我最绝望和虚弱的时候，我听到了一个声音，从此我的人生发生了天翻地覆的变化。那个声音说："不要担心，把它交给我好了。我自会处理。"我立刻回答："那就这么办吧。"

当警察找上门

——荷马·克洛伊[1]的"谷底"理论

我人生中最痛苦的时刻发生在1933年。警察从前门进入我家，我从后门溜走。我失去了在长岛住了18年的房子，失去了孩子出生和成长的地方。我从未想过，这样的事情会发生在自己的身上。12年前，我是多么的风光！我把小说《水塔西侧》的电影版权高价出售给了电影公司。然后，我们一家在国外住了2年。那时我们在瑞士避暑，在法国的里维埃拉过冬。生活是多么的惬意啊！

我在巴黎待了半年，写了一本叫做《巴黎魅力》的小说，威尔·罗杰斯主演了这部小说改编的电影。这部电影是他的处女作。电影公司想让我给他多写几部剧本，但是我回绝了。我回到纽约，麻烦不期而至。

我觉得，自己还有潜力可挖。我应该成为商业巨子！有人告诉我，约翰·杰克布·阿斯塔投资纽约的空地，赚得盆满钵满。谁是阿斯塔？不就是一个操着外国口音的移民吗？难道我会比他差？我一定会大赚一笔的！我开始浏览《游艇》上的相关资讯。

当时我对房地产买卖一窍不通，只有满腔热情。我怎么筹集

---

1 荷马·克洛伊，纽约小说家。（原作者注）

启动资金呢？易如反掌！我抵押房子，用筹到的资金买了一块空地。我一心指望地皮涨价，凭借转让空地大赚一笔，从此过上锦衣玉食的生活。我觉得自己是生意场上的奇才，对领固定工资的人充满了同情。

这时，大萧条不期而至，毁了我的一切。我每月要为那块空地付220美元的税金。这时的我觉得，每个月份都来得太快！另外，我还要支付贷款，维持全家人的生计。我开始担心。我想给杂志写幽默故事挣点外快，但都以失败而告终；我写的小说没有买家；我已经入不敷出。除了一台打字机和镶的金牙，我一无所有。牛奶公司停止了送奶，煤气公司停止了供气。无奈之下，我们只能改用瓦斯罐。瓦斯燃烧的时候发出嘶嘶的响声，听上去像是一只愤怒的鹅在叫。

我们没钱购买木炭，家里取暖的工具只有壁炉。我只能晚上去捡富人盖房剩下的木条来做燃料。可是，我自己曾经也是富人啊！

我忧虑得睡不着觉，经常半夜起来，走上好几个小时。一直走到累了之后，我才回去睡觉。

我不仅失去了那块空地，更重要的是失去了我的心血。

银行扣押了我的房子，我们只能露宿街头。

后来，我好不容易攒钱租了一间小公寓。1933年的除夕，我们搬了进去。我坐在箱子上，看着周围，想起了妈妈的一句话："不要为打泼的牛奶哭泣。"但是，这不是牛奶，而是我的心血啊！

我坐了一会儿，告诉自己："我已经到了谷底。只要我坚持住，情况不可能变得更糟。它一定会向好的方向发展。"

我开始往好的方面想。我想到了自己没有失去的东西——健康和朋友。我还可以重来；我不会再为以前痛惜；我一直重复妈妈的那句话：不要为打泼的牛奶哭泣。

我把忧虑的情绪转化为了工作的动力，情况逐渐好转。现在，我反而感激那些发生在我身上的变故。它们给了我力量、自信和韧性。我体会了人在谷底的感觉，我知道我们的承受能力远远超出我们的预计。现在，当我遇到烦恼的时候，我就会用自己曾经说过的那句话打气："我已经到了谷底。只要我坚持住，情况不可能变得更糟。它一定会向好的方向发展。"这样，我的烦恼便会烟消云散。

不要为过去的事烦恼，接受现实！如果你已经跌到谷底，那就想着上升吧！

我最大的敌人是忧虑

——杰克·邓普西的解忧法

回顾我的拳击职业生涯，我发现，忧虑比重量级拳手还要麻烦。我一定要停止忧虑，否则，它会消耗我的精力，削弱我成功的几率。我摸索出一套对付忧虑的方法，主要有3点：

1. 为了在拳击场上精神抖擞，我在比赛的时候会给自己鼓劲加油。比如，当我和福普比赛的时候，我会一直对自己说："没有任何事可以阻止我胜利。他伤害不了我，我感觉不到重拳，我不会受伤。不管发生什么，我都会坚持下去。"说过这些鼓励的话之后，我的心态就会变得更加积极。这些话对我大有帮助，它占据我的思想，使我无法感知疼痛。在我的整个职业生涯里，我曾经多次受伤：嘴唇碎裂，眼睛外裂，还有那次被对手打出场外，我撞到了记者的打字机上，结果导致肋骨断裂。不过，对于比赛中挨到的重拳，我没有任何感觉。只有一次例外。我在跟莱斯特·约翰逊比赛的时候，他打断了我3根肋骨。伤势倒不严重，只是影响了我的呼吸。说实话，我在比赛中挨拳头的时候，并没有什么感觉。

2. 我会提醒自己，担心毫无用处。我的忧虑大多发生在赛前的训练时间。夜里我经常辗转反侧，无法入眠。我担心第一回合自己就会被打断手臂，或者扭到脚踝，或者眼睛受伤，从而影响到后面的比赛。当我处于这种紧张状态的时候，我会起床，对着镜子与自己好好沟通一番。我会对自己说："你担心这些不会发生的事情，简直是愚蠢至极！生命短暂，你必须在有限的时间里好好享受生活。没有什么比健康更重要的事情。你的健康才是最重要的。"我提醒自己，失眠和忧虑有损健康。如此这般，每晚我都重复这些话语。年复一年，我发现它们真的已经融入我的身体。

3．我所做的另外一件事情就是祈祷。我经常在训练中祈祷，在比赛的暂停时间祈祷，让自己变得勇敢和自信。我每次上床之前祈祷，每餐之前感谢上帝赐予的生活。我的祈祷有回应吗？当然了，有好多次呢！

祈求上帝不要让我进孤儿院

——凯瑟琳·霍尔特[1]的故事

很小的时候，我就生活在恐惧之中。母亲患有心脏病，经常昏倒，不省人事。我们全家都担心她会死去，如果那样，我们就得进孤儿院。我很害怕，自己的猜测会变成现实。6岁以后，我就不停地祈祷："上帝啊，不要让妈妈离开我。我不想进孤儿院。"

20年后，我弟弟由于重伤生活不能自理。为了减少痛苦，每3个小时他就要注射吗啡。即使如此，他在卧床2年之后还是撒手离去。当时，我在一所大学教授音乐。邻居们只要听到弟弟痛苦的叫喊，就会打电话给我。我马上赶回家里，给他注射吗啡。每晚上床睡觉之前，我会把闹钟的铃声定为每3个小时闹一次，以确保我及时给他注射吗啡。我记得，在冬天的夜里，我会在外面的窗台上放一杯牛奶。经过3个小时的冰冻之后，牛奶会有一种我喜爱的冰激凌味道。这样每当闹钟响起的时候，外面的牛奶就是我起床的动力。

遭遇了这么多的痛苦，我依然能够摆脱自卑，消除忧虑，依靠的就是两点。第一，我每天会有12到14个小时的音乐课。我一

---

1 凯瑟琳·霍尔特，家住密苏里州大学城的家庭主妇。〔原作者注〕

直忙碌，根本无暇考虑自己的痛苦。当我发觉自己有忧虑倾向的时候，我会这样劝慰自己："只要身体健康，自由自在，你就是世上最幸福的人。只要你活着，就要记住这句话！"

第二，怀着感恩的心来珍惜属于自己的幸福。每天早上醒来的时候，我都会感谢上帝。我的情况并非最糟。虽然我不是最快乐的人，但我却是家乡最成功的人。如果同龄人处在我的处境，很少有谁能够这样乐观。

这位音乐教师做到了两点：使自己忙碌和怀着感激生活。她摆脱了忧虑。这对你也同样适用！

我曾忍受歇斯底里的疼痛

——凯麦龙·西普[1]自述

几年前，我在加利福尼亚州华纳兄弟音乐室的公关部门工作。我是专栏作家，经常给报纸和杂志撰写有关公司的相关报道。那时我很快乐。

我出乎意料地得到了升职，做了公关部的副主任。由于当时公司行政制度改革，我的新头衔十分响亮：特别助理。

公司给了我一间宽敞的办公室，配有私人冰箱。我有两名秘书，手下共有75个编辑和撰稿人。我非常兴奋和激动，出去买了一件新西服，语言也变得得体。我制定制度，做重大决策，吃快餐午餐。

我觉得，整个华纳公司的公关事务都落在了我的肩上。我相信，自己掌控着公司很多大明星的公共活动和私人生活，其中包括贝蒂·戴维斯、奥利弗·德·哈维兰、詹姆士·卡内、埃伍德·罗宾逊、埃罗·弗莱恩、亨弗瑞·波格特、安·夏丽丹、艾利克斯·史密斯和艾伦·富林，等等。

不到一个月，我发现自己竟然患上了胃溃疡，并且还有胃癌

1　凯麦龙·西普，杂志作家。（原作者注）

的嫌疑。

当时我担任战事委员会主席一职。我很喜欢这份工作，开会时会遇到很多朋友，但是，也会使自己感到很累。每次会议结束之后，我都会觉得不舒服。回家的路上，我要停车休息一会儿，才能接着开车回家。我干的工作很多，时间却不够用。可是工作都很重要，不得不做，我觉得自己有点力不从心。

说实话，这是我人生中最痛苦的时候。我日益消瘦，无法入睡，而疼痛却一直纠缠着我。

经一位广告人介绍，我到一位权威内科医生那儿求医。后来我才得知，好多广告人都在那里看病。

那位医生说话简洁。他只要我告诉他，我的身体哪里不舒服，我的工作怎么样。他似乎对我的工作更感兴趣。后来，他让我在接下来的两周时间里，每天都来做一系列的检查。我照了X光，照了荧光仪。最后他打电话，要我去看诊断结果。他说："西普先生，我们已经做了足够多的检查。这些检查很有必要。不过，我第一次给你做身体检查的时候，就已经确定你没有胃溃疡。但是我知道，如果我拿不出足够的证据，你不会相信我。现在，你可以看一下这些证据。"他一边给我看图标和X光片，一边给我解释。接着他说道："这些检查花了你一大笔钱，但是，这笔钱花得值。我开的药方就是：不要忧虑。我知道，你短时间内无法做到。我先开一些药物，你随便服用都行。服用完这些药物之后，你再来找我。这些药物能够让你放松，对你的身体没有伤害。但是你要记住，你并不需要这些药片，你要做的就是不要忧虑。如果你又开始忧虑，你就必须回来就医。那时我就不客气了。我会收你一大笔诊费，怎么样？"

我多么希望，自己能够摆脱忧虑，但事实并非如此。在接下来的几个星期里，我只要感到忧虑，就开始服药，而疼痛就会得到缓解。

不过，我在服药的时候，心里并不舒服。我是一个男人，既高大又威猛，却要依靠这些药丸放松自己。朋友询问我服用什么药物的时候，我都羞于启齿。渐渐地我开始嘲笑自己："西普，你真是个笨蛋，你把自己看得太重要了。在你接手这个工作之前，贝蒂·戴维斯、奥利弗·德·哈维兰、詹姆士·卡内就已经家喻户晓了。即使你现在死掉，华纳公司的明星们照样活得光鲜。艾森豪威尔将军、马歇尔将军，还有麦克阿瑟将军，个个骁勇善战，但他们并不依靠药丸支撑。你一个小小的战事委员会主席，竟然要依靠药物来缓解自己的疼痛！"

我不再服用药物，不久就摆脱了它们。每天下班回到家里，我先睡一觉，然后吃晚餐。渐渐地我过上了正常的生活，再也没有看过那位医生。

但是，我对他心怀感激。他教会了我自嘲；他慎重地对待我的病情，从来没有嘲笑过我；他告诉我世上没有什么可担心的事情；他保住了我的面子，帮我摆脱了困境。但是，他和我都知道，我之所以痊愈，并非全靠药丸之功。

我找到了解除忧虑的方法

——威廉·伍德牧师[1]的解忧法

几年前，我得了严重的胃病，每晚都要醒来两三次，疼得难以入睡。我父亲就是得了胃癌去世的，我担心自己有一天也会得胃癌或胃溃疡。所以我去看医生，做了检查。医生给我开了些有助睡眠的药，还向我保证，我的胃疼由精神紧张引起，并不是胃癌和胃溃疡作怪。因为我是个牧师，他问我的第一个问题是："难道你们教会还有难以解决的事情吗？"

对于这样的话，我已经习以为常。我每周日早上做礼拜，掌管教堂各项事务。另外，我还担任红十字会的主席和同济会的会长，每周要主持两三个葬礼和其他一系列的活动。

我总是生活在重压之下。我不能放松，总是精神高度紧张，忙忙碌碌。我已经到了凡事都要担忧的地步。我接受医生的建议，每周一休息一天，以减轻工作压力。

有一天在清理桌子的时候，我灵机一动，有了一个好主意。那时，我正将布道时用过的一些提示纸条扔进垃圾箱。突然，我停下对自己说："比尔，为什么你不能把烦恼也扔进垃圾箱

1　威廉·伍德牧师，住密歇根州赫伯特大街。（原作者注）

呢？"我立马就有一种如释重负的感觉。从那一天起，我就给自己定下一条规矩：不再过问自己解决不了的事情，我把它直接丢进垃圾箱里。

有一天，我帮妻子擦干餐具的时候，又产生了一个念头。妻子一边洗碗一边唱歌，于是，我对自己说："看看，你的妻子多么的快乐！我们结婚已经18年了，她从不间断地清洗餐具。如果她在结婚的时候，就想到自己要洗18年的餐具，她说不定早就吓跑了。"

我又告诉自己："她之所以不在乎这些，是因为她一次只清洗当天的餐具。"我立即就知道了自己的问题所在。我总是同时试着清洗今天的餐具，明天的餐具，甚至那些还没有弄脏的餐具。

我觉得，自己真的是愚蠢至极！周日我站在讲坛上教别人怎样生活，而我自己却是紧张忧虑地生活着。我真替自己感到羞愧。

现在，我不再忧虑，也不会胃痛和失眠。我不会担心昨天的烦恼，更不会想如何处理明天的脏盘子。

还记得这本书中的一句话吗？"明天的担忧，加上昨天的烦恼和今天的问题，就成了最大的压力来源。"我们为什么要这么做呢？

我找到答案了！

——戴尔·修斯[1]的康复妙法

1943年，我住进了新墨西哥州阿布奎基的一家军事医院，原因就是在一次登陆夏威夷岛的演习中，我受了重伤，断了3根肋骨，并且刺穿了肺部。当时我正准备从小艇里跳上沙滩，结果一个浪头打来，我失去了平衡，摔到了沙滩上。我摔断了3根肋骨，有一根肋骨还插进了肺部。

我在医院进行了3个月的治疗。医生说，我的病情没有一点起色。经过慎重考虑之后，我觉得自己的问题应该是忧虑。我曾经那么快乐地生活，而现在每天只能躺在床上，忧心忡忡。我想得越多，就越担心。我担心自己能否在世界上立足，是否会成为瘸子，是否能够娶妻，过上正常人的生活。

我恳求医生把我转到隔壁病房。那里被称作"乡村俱乐部"，病人们可以自由活动。

在"乡村俱乐部"里，我对"合约桥牌"很感兴趣。我先花

1　戴尔·修斯，公共会计师，家住密歇根州。〔原作者注〕

了6个星期学习，同时还阅读了许多相关书籍。6周之后，我几乎每晚都在那里玩桥牌。同时我还迷上了油画，每天下午3点到5点之间，我跟老师学习油画。我的一些画作相当不错，明眼人一言就能看得出来。我还尝试肥皂和木头雕刻，并读了相关书籍，觉得很有意思。我每天都忙忙碌碌，根本无暇烦恼。甚至红十字会送我的几本心理学著作，我也一并读完。3个月之后，医院的全部医护人员都来向我表示祝贺。他们的话是我出生以来听到的最好赞美，我兴奋得想大声喊叫。

我要强调的是：当我每天躺在床上担忧的时候，我的病情没有丝毫好转，自己反而陷进了忧虑的旋涡。但是，当我把注意力转向桥牌、油画和木雕之后，医生表扬我"进步很大"。

现在，我过着健康、正常的生活，和你一样有一个健康完好的肺脏。

还记得萧伯纳的话吗？"悲哀的因由在于你有时间考虑自己是否快乐。"所以赶快行动，使自己忙碌起来吧。

时间可以冲淡一切

——路易斯·特·蒙特[1]的高招

从18到28岁，忧虑曾经困扰了我10年之久。那可是我人生中最美好的黄金10年啊！

现在我知道，我浪费了10年光阴，过错全部在我，与别人无关。

我担心所有的事情：我的工作，健康状况，我的家庭，我的自卑。我害怕见人，害怕朋友不理会我。所以，当我在街上看到朋友的时候，我会假装没有看见。

我害怕见陌生人，对他们感到恐惧。我在两周之内丢了三份工作，就是因为我没有勇气告诉老板我能胜任自己的工作。

8年前的一个下午，我所有的烦恼都消失得无影无踪。那个下午我坐在一个人的办公室里。办公室的主人麻烦连连，却是我见过的最快乐的人。1929年，他发了财，不久便分文不剩；1933年，他再次发财，很快就又变得一文不名；1939年，他第三次发财，最后还是以破产告终。他经历了多次破产，有数以百计的债主和对头。这种情况之下，恐怕许多人不是被逼疯，就是被逼自

---

1 路易斯·特·蒙特，纽约市场销售分析师。（原作者注）

杀。可是，他把一切看作水过鸭背。

8年前，当我坐在他办公室里的时候，我真希望上帝把我变成他那样的人。

我们交谈的时候，他递给我一封早上收到的信。他对我说："你看看。"

这封信提出了几个尴尬的问题，充满了愤怒的言辞。如果我收到这样的来信，我肯定心乱如麻。于是我问他："你准备怎样回复这封信呢？"

比尔说："让我告诉你一个小秘密吧。如果你下次再烦恼的时候，就拿出纸笔，坐下写出你的忧虑，然后把它放进右边最下面的抽屉。过一段时间，你再把它拿出来，重新看上一遍。如果这个时候问题还没有解决，你就把它放回原处。几周过去之后，你再去翻阅一遍。麻烦清单放在抽屉里，一直安然无恙。但是，在这个过程中，烦扰我们的问题却发生了变化。我发现，只要我们有耐心，烦心事总会自己化解。"

这个建议给了我深刻的印象。我按照比尔的建议行事，结果烦恼烟消云散。

时间能够解决很多问题，当然也可以解决你今天的担忧。

我逃过一劫

——约瑟夫·拉·赖安[1]的故事

几年前，我成了一桩案件的目击证人。我感受到了极大的精神压力，变得忧心忡忡。

案件审理结束后，我乘火车回家。途中，我突然感到一阵疼痛，几乎到了不能呼吸的地步。

我回到家，医生给我注射了一针药剂。当时，我没来得及走到卧室，就晕倒在客厅里面。我苏醒的时候，看到牧师正准备为我做临终祷告。

我看到了家人脸上惊慌的表情，知道自己即将告别人世。后来，我才知道，医生告诉我的家人，我的心脏非常虚弱，最多只能存活半个小时。医生不允许我说话，不允许我走动。

我不是圣人，但是我知道，不要与上帝讨价还价。所以，我闭上了眼睛："如果此刻就是我的末日，我将奉行您的旨意。我

1　约瑟夫·拉·赖安，某打字机公司驻外办事处督导。（原作者注）

将奉行您的旨意。"

　　说完之后，我发现自己如释重负，没有了丝毫的恐惧。我问自己，最糟的情形是什么？最糟的情形就是一阵疼痛，然后一切都会完结。我会回到上帝的怀抱，获得安宁。

　　我在沙发上躺了将近一个小时，但是却感觉不到一点疼痛。最后我问自己，如果没有死掉，我当如何？于是，我决定尽最大努力，让自己康复。我不会再让自己忍受忧虑的折磨。我要储存能量。

　　事情过去了4年，我已经完全康复。我精力充沛，心情愉快。医生看了我的心电图，大吃一惊。我不再烦恼，对生活充满了热情。但是，说实话，如果没有经历那次生离死别，我就不会有今天。如果我不接受最坏的打算，我就会因为恐惧和慌乱丢掉性命。

　　赖安先生能够活到今天，是因为他遵循了一个魔法原则：做最坏的打算。

我是排忧解难的高手

——奥德威·泰德[1] 的解忧法

担忧是一种习惯，我已经成功地戒掉了它。我的秘诀主要归为三点：

第一，我很忙，根本无暇烦恼。我有三大日常工作，而且每项工作都是全职。我担任纽约高等教育委员会主席，在哥伦比亚大学授课，同时还要负责哈伯公司经济和社会书籍的出版工作。这三项工作把我忙得团团转，根本没有时间烦恼。

第二，我能很好地解除忧虑。当我从一个工作转向另外一个工作的时候，我会把先前考虑的问题全部抛在脑后，神清气爽地接受新的工作。这让我身体轻松，头脑清醒。

第三，每天结束工作的时候，我提醒自己，不要把没有解决的问题带回家。问题无时不在。如果把它们带回家里，我会把自己累垮；另外，我处理问题的效率也会受到影响。

奥德威·泰德是运用良好工作习惯的高手。诸位，你们还记得他的诀窍吗？

1　奥德威·泰德，纽约高等教育委员会主席。（原作者注）

想要长寿就停止忧虑

——康尼·麦克[1]的故事

我已经在职业棒球队待了63年。80年代，我开始打棒球的时候，没有薪水。我们在空地上打球，常被乱放的空罐和马具绊倒。比赛结束，我们拿着帽子，向观众收取零钱。但是，对于家有母亲和妹妹要供养的我来说，这点钱远远不够。有时，球队要靠草莓或者小吃充饥。

我有足够的理由担忧。我是连续7年排名末位、8年里输掉800场比赛的球队经理。在一系列的打击之后，我整日担忧，无法入睡。但是25年前，我的忧虑消失得无影无踪。说实话，如果我不停止忧虑，恐怕早就不在人世了。

回顾我的一生，我之所以能够消除忧虑，主要归功以下几点：

1. 我很清楚烦恼的害处。它对我没有半点益处，只会毁掉我的事业。

2. 我明白，它会摧残我的健康。

3. 我一直把精力和时间放在未来比赛的赢球上，根本无暇为输掉的比赛烦恼。

---

1 康尼·麦克，美国棒球名人。〔原作者注〕

4．我坚持一条原则：决不在24小时内批评输球的球员。早些年时，我经常把球员责骂一通，但是我发现，责骂输球球员毫无意义，反而增加了我的烦恼。再者，当着别人的面批评某位球员也会令他难堪，产生抵触情绪。所以，我会在次日和球员分析失败原因。那时，我已经平静许多，失误似乎也没有那么严重。我会和队员心平气和地讨论，球员们也不会冲动地为自己辩解。

5．我总是表扬他们，而不是斥责他们。我尽量善待每个球员。

6．我发现，自己疲惫的时候更容易焦虑。所以，我每天保证10小时的睡眠。我会在下午小睡一会儿，即使5分钟也行。

7．我相信，消除忧虑，保持长寿的秘诀在于积极的生活态度。我已经85岁，我不会轻言退休。

康尼·麦克从未读过有关解除忧虑的书籍，这些都是他的经验之谈。难道你就没有行之有效的办法吗？

一次只解决一个难题

——约翰·荷马·米勒[1]的生活态度

多年前，我发现自己陷入了烦恼之中，难以自拔。但是我知道，我可以转变生活态度，从而摆脱烦恼。

随着岁月的流逝，我发现，时间能够自然而然地帮我消除烦恼。实际上，我经常忘记自己一周前所担心的事情。所以，我给自己制定了一个规定：时间不超过一周的难题绝不要去费心。当然，一周之后我不见得能解决难题，但是我至少可以选择在一周之内不去烦恼。一周的时间过去了，难题要么已经不再是难题，要么我已经改变了自身对难题的态度，不再劳神费心。

我发现，哲学家威廉·奥斯勒的书对我很有帮助。他不仅是名医生，还是生活的艺术家。在他的著作《生活的艺术》中，有句话让我深受启发。那就是："我安排好每天工作的精力和能力，这是我成功的秘诀。至于明天的事情，还是明天再说吧。"

处理问题的时候，我坚持的原则来自父亲给我讲的一个故事。父亲告诉我：在宾夕法尼亚州的一个狩猎俱乐部里，走廊上方挂着一个鸟笼，里面有只会说话的鹦鹉。人群涌向俱乐部的时

1　约翰·荷马·米勒，《正视自己》一书的作者。

候，那只鹦鹉就开始反复地说："一个一个地来，先生们。一个一个地来。"我发现，一次解决一个问题能使我保持平静，使事态处在自己的控制范围之内。我对自己的座右铭坚信不疑："一次只解决一个难题。"

所以，我们战胜忧虑的主要原则是：仅仅解决今天的难题。现在，为什么不回过头去，重新阅读一遍"抓住今天"这一章的内容呢？

寻找属于自己的绿灯

——约瑟夫·墨·科特[1]的解忧法

从小到大，我一直在忧虑中度过。我的忧虑多种多样，有的是真实的，有的是臆想的。如果没有什么可以忧虑，我就会觉得，自己是否遗忘了什么东西。

两年前，我开始了一种新的生活方式：自我诊断。我找出了自己的缺点和为数不多的优点，也找出了我所有忧虑的根源。

我的问题在于，我不仅无法面对今天，而且还懊悔昨天的错误，恐惧明天的到来。我无数次听过"今天等于昨天担忧的明天"这句话，我理解这句话的含义，但它对我不起作用。有人建议我执行每日计划。他们告诉我，我只能控制今天，所以，我应该充分利用每天。这样，我就无暇为昨天和明天担心。听起来很有道理，但对我无效。

我在突然之间找到了问题的答案。你知道我在哪里找到的吗？1945年5月31日晚上7点，在西北铁路公司的月台上。对我来说，那里的一个小时至关重要，所以我记忆犹新。

我送朋友乘火车回家。那时正在打仗，火车站熙熙攘攘，

---

1 约瑟夫·墨·科特，家住伊利诺伊州芝加哥市。

人头攒动。我不想在车上挤进挤出，就走到车头那儿。这时，我看到一个硕大的引擎。接着，我看到了信号灯：黄灯亮起，瞬间又变成了绿色。就在那一刻，引擎启动，我听到了熟悉的声音："登车完毕！"几秒钟过去，火车开始飞奔。

我的思绪开始转动。刹那之间，我恍然大悟。火车司机给了我答案。他虽然旅程漫漫，但是，他只看到面前的绿灯。如果换成我，我会把整个旅程中的绿灯全部都预见到。我怎么可能做到！但是，我确实是这么做的。我总是想象着，前面有很多的麻烦和问题。

我思绪万千。火车司机不用担心前方的意外，可能有延误，需要的减速，等等，那是信号灯的作用。黄灯表示减速，红灯表示前方有危险，要立即停车。信号灯可以保证火车运行的安全。

我问自己，为什么不给自己设置一个生活信号灯呢？上帝已经给了我一个信号灯，并且由他掌控，十分安全。我开始寻找生活的绿灯。它在哪里呢？如果上帝创造了绿灯，为什么我不向他祈求呢？

于是，我每天早上祈祷，希望找到当天的"绿灯"。有时我会遇到减速的"黄灯"，有时是禁行的"红灯"。

自从有了这个发现以后，两年来，我没有忧虑过。在这两年时间里，我遇到了很多的"绿灯"，我不再担心，自己在下一站会遭遇哪盏灯。不管遇到哪盏灯，我都知道自己如何行事。

洛克菲勒如何多活了45年

33岁的时候，洛克菲勒先生成为百万富翁；43岁的时候，他创建了世界上最大的垄断集团：标准石油集团。但是，53岁的时候，他怎么样了呢？那个时候，他被严重的忧虑所困扰，健康状况不断恶化。为他写自传的文格勒先生说："他看上去就像一具活着的木乃伊。"

53岁的时候，洛克菲勒患上了消化功能紊乱症，结果他毛发脱落，眼睫毛都未能幸免。文格勒说："他的情况糟糕至极，后来只能靠牛奶维持生命。医生诊断他患有神经性脱发症，万不得已，他只好戴上帽子遮丑。他花了500美元定做了一顶假发，戴上以后再也没有取下来过。"

洛克菲勒的身体原本非常强壮。他从小在农场长大，虎背熊腰，身姿挺拔，步伐有力。但是，53岁的时候，大多数人都还处在壮年期，他却双肩下垂，步履蹒跚。另外一位传记作者说："他照镜子的时候，看上去垂垂老矣。无休止的工作，无尽的忧虑，经常性的失眠和缺乏锻炼，使他付出了沉重的代价。他是世界上最富有的人，但是他吃的东西连穷人都不屑一顾。他每周可以赚到100万美元，但是他每周的食物消费不超过2美元。医生只允许他喝酸奶，吃苏打饼干。他的皮肤失去了光泽，松弛下垂，看上去就像是裹在骨头上的一层皮囊。这个时候，只有金钱能够买到的医疗服务，才使他不至于在53岁的时候就辞别人世。"

他为什么会成了这副模样？这一切都是源于担忧、恐惧、高度紧张。他自掘坟墓，把自己送到了死亡的边缘。有个知情人说，年轻的时候，洛克菲勒就一心一意以赚钱为目标。如果赚到了钱，他高兴得手舞足蹈；如果赔了钱，他会大病一场。有一次，他借助五大湖区的水路，运送价值4万美元的谷物。他嫌150美元的保险费过于昂贵，就没有给谷物投保。但是当天晚上，伊利湖风暴突起，洛克菲勒开始担心自己的货物。次日一早，他的合伙人走进办公室的时候，只见他正在焦急地踱来踱去。他颤抖着声音说："快，快去问问，现在是否还来得及投保。"合伙人马上为谷物办理了保险。但是，合伙人回到办公室的时候，洛克菲勒变得更加生气。他刚刚收到电报，货物已经抵达，完好无损。他损失了150美元，把自己折腾得病了，只好回家休息。想想看，那时他每年经手的生意价值高达50万美元，可他为了区区的150美元，竟然病倒了！

他从来没有时间玩乐，也没时间休息。除了赚钱和去教主日学校以外，他没有别的事情放松。他的合伙人加德纳与别人合资，购买了一艘2000美元的游艇。他们邀请洛克菲勒游玩，他不但反对，还拒绝乘坐游艇出游。一天，加德纳看到他还在办公室工作，就邀请说："约翰，我们一起出海吧。这对你会有好处。先把工作放一放，轻松一下。"洛克菲勒盯着他说："加德纳，你是我见过的最奢侈的人。你不仅损害了你在银行的信誉，而且也影响到了我。你这样会拖垮我的公司。我不坐你的游艇，连看都不想看。"结果是，他独自在办公室度过了整个下午。

他的一生缺乏幽默和远见。数年之后，他说了这样一句话："我每晚睡觉之前都要提醒自己，现在的一切都是过眼云烟，随时都可能失去。"

他自己拥有亿万资产，却担心会失去财富。忧虑摧毁了他的健康，也就不足为奇。他没有时间游玩，没有去过戏院，没有去过舞会。马克·汉纳说，洛克菲勒是个"为了钱而疯狂的人"。

有次洛克菲勒对邻居坦言，希望自己得到关爱。那时，他住在俄亥俄州克利夫兰市，但是他生性好疑，不怎么招人喜欢。商业大亨摩根曾说，他不想与这个人打交道，更不想和他做生意。洛克菲勒的亲生弟弟对他恨之入骨，把自己孩子的坟墓迁出了家族墓园。他说："我不要让儿子受到他的控制！"洛克菲勒的员工每日都生活在恐慌之中。具有讽刺意味的是，洛克菲勒也害怕他的员工，他怕他们泄露公司机密。有一次，他跟一个石油提炼专家签了10年的合同。可是他生性多疑，竟然要求对方，跟任何人都不能提及合同之事，包括他的妻子！他经常对员工说的话是："闭上你的嘴巴，努力工作！"

正当事业处于巅峰的时候，他的个人世界却坍塌了下来。由于与铁路公司缔结秘密协议，排挤其他公司，洛克菲勒受到社会舆论的谴责。

在宾夕法尼亚州油田，人人对他恨之入骨。那些被他逼得破产的人恨不得把他吊死在苹果树下。威胁信和诅咒信漫天而来，在他的办公室堆积如山。他不得不雇用保镖，以免被人杀害。他无视那些仇恨，自嘲地说："你们踢我，诅咒我，但是拿我没办法。"但是他毕竟是个凡夫俗子，无法承受那些压力，所以健康每况愈下。来自身体内部的疾病令他手足无措，困惑不已。最初，他一直对自己的病情保密，但是，失眠和消化不良、脱发……这些生理特征根本无法隐藏。最后，医生告诉他实情。他只有两个选择：财富和生命。医生警告他，如果再不退休，他就只能迎接死亡。他选择了退休，但是退休之前，担忧、贪婪、恐惧已经摧毁了他的身体。美国著名自传作家爱达·塔贝尔见到他的时候，大吃一惊。她写道："他满脸写着忧虑。他是我见过的最苍老的男人！但是，他当时比麦克阿瑟将军攻占菲律宾的时候还年轻7岁呢！"他如此虚弱，引得爱达对他同情不已。当时，艾达正在撰写一本有关标准石油公司的著作，用来揭露他们的罪恶。对于这个财阀，她完全没有理由表示同情。但是，当她看到洛克菲勒在主日学校教书，那么渴望别人支持的时候，她说："我有一种从未有过的感觉：我替他难过。我了解孤独的恐惧。"

医生为了挽救他的生命，给他制定了3条原则。他一直遵循这3条原则：

1. 避免忧虑。在任何情况下，面对任何事情都不要忧虑。

2. 学会放松，在户外做一些适当的运动。

3. 注意饮食，吃饭要吃八分饱。

他严格遵守这3个原则，才捡回了一条性命。退休后，他学习打高尔夫，侍弄花园，与邻居聊天、打牌和唱歌。

此外，他还做了一些有意义的事情。文格勒说："在失眠的夜晚，他开始自省，开始为别人着想。他不再想着如何挣钱，而是考虑拿自己的钱换取别人的幸福。"

换言之，他要把自己的钱捐献出去，但是，此事并非轻而易举。当他执意把钱捐给教会的时候，全国所有的教士都表示反对。当他得知密歇根湖畔有个学校即将倒闭的时候，就拿出几百万资助，把它建成了著名的芝加哥大学。他出资帮助黑人建立大学，出资消灭钩虫。钩虫病权威专家查尔斯·史泰尔曾说："治疗一个钩虫病人仅仅需要0.5美元。但是，谁会捐出这么多的0.5美元呢？"洛克菲勒捐了。他捐了一大笔钱，然后成立了洛克菲勒基金会，以消灭疾病和无知为基金会的目标。

我满怀感激地谈到这点，因为洛克菲勒基金会曾经救过我一命。1932年，我当时在中国。那时霍乱在北京地区肆虐，许多人如同蚂蚁一般死去。我们向洛克菲勒基金会申请疫苗注射，从而躲过了那场灾难。我第一次感到，洛克菲勒的财富可以造福人类。

洛克菲勒基金会前所未有，独一无二。洛克菲勒深知，在这个世界上，有人一直在从事有意义的活动：许多试验在默默地进行，许多大学正在建设，医生正在全身心地考虑治疗疾病的方案……但是，这些活动可能会因为资金不足而中断。于是，他决定资助这些人。他并非采取收购的手段，而是提供资金，帮助他们完成项目。今天，我们应该真心地感谢洛克菲勒先生，正是他的资助，盘尼西林和其他的数十种药物才得以发明。以前，如果孩子患上脑膜炎，死亡率高达80%。现在，一切都大为改观，而这一切都是洛克菲勒的功劳。因为他无私的捐助，我们才能有效地治疗疟疾、肺结核、流行性感冒和白喉等顽疾。

洛克菲勒自己怎么样了呢？他把钱捐出去之后，会感到内心的平静吗？是的，他很满足。艾伦·凯文斯说："如果你对于洛克菲勒的印象还停留在标准石油公司阶段，那么，你就大错特错了！"

洛克菲勒十分快乐，再也没有遭受烦恼的困扰。事实上，即使遭遇生意上的重大打击，晚上他一样安然入睡。

事情的经过如下：他创办的标准石油公司因垄断行为，违反了美国反托拉斯法令，遭到政府罚款。这场官司打了5年，全美的精英律师都参加了这场诉讼。最后，标准石油公司败诉。

法官宣判的时候，洛克菲勒的律师担心他受不了这个打击。但是他们哪里知道，洛克菲勒已经完全改变。

当晚，有个律师给洛克菲勒打了电话。他尽量用委婉的语气，跟洛克菲勒说出了自己的担忧："我希望，您不要因为这个结果而忧虑，洛克菲勒先生。我希望您今晚能好好睡上一觉。"

洛克菲勒立刻回答说："别担心，我会安心睡觉的。你也不要放在心上了，晚安！"

这个人曾经为了150美元而大病一场，现在居然如此豁达，简直令人匪夷所思！洛克菲勒曾经花了很长时间，用以消除忧虑。53岁的时候，他差点丢掉性命。但是，他最后却活到了98岁！

解决婚姻危机的好办法
——贝·理·维的故事

我并不想匿名写下这些文字，但是题目过于敏感，我只好采用匿名的形式。不过，卡耐基可以作证，我说的一切都是真的。我的故事发生在12年前。

大学毕业后，我在一家工厂找到一份工作。5年后，公司派我到中东地区做海外代表。离开美国的前一周，我和一位甜美可爱的姑娘举行了婚礼。不过，我们的蜜月一点都不甜蜜。它更像一场悲剧，对她来说，尤其如此。我们到达夏威夷的时候，她非常沮丧。于是，伤心之余，她毅然回国。她一直羞于向别人谈起自己的蜜月旅行。

我们在一起的2年时间，非常糟糕。我很伤心，有时候甚至想到自杀。但是有一天，我看到一本书，一切都为之改变。那是在中东的朋友家里，我看到一本名叫《理想婚姻》的书。出于好奇，我打开了它。书的内容牵涉到婚姻、性爱，一点都不粗俗。

如果有人说，我看的是一本性爱淫书，我反而觉得自己受到了侮辱。这样的书，我自己都可以写上一本，何必费心去看呢？但是，我的婚姻实在糟糕。于是，我产生了一读此书的冲动。我鼓起勇气，向房东借了这本书。从此，每天看书成了我的主要日常活动。妻子也开始阅读此书。后来，我的婚姻开始发生变化，开始朝着幸福和快乐的方向发展。如果我有100万，我会买下这本书的版权，免费发给那些新婚夫妇。

有一次，我读到著名的心理学家约翰·华生的文章。上面说到："性是人生中最重要的主题，也是许多幸福男女出现婚姻问题的根源。"

如果我们想了解婚姻中的问题，就应该拜读一下《婚姻怎么出错了？》这本大作。汉米尔顿博士与麦克高曼博士联袂，完成了此书的撰写。汉米尔顿博士还花了4年的时间，调查婚姻中出现的各种各样问题。他说："归根结底，大部分人婚姻不和谐的原因就是性。性生活的不和谐会造成夫妻其他问题的扩大化。"我对此深有体会，相信他说的都是事实。

拯救我婚姻的那本《理想婚姻》，在各大书店都有出售。如果你想送新婚夫妇礼物，完全可以选择此书。相比餐具之类的礼物，这本书更为实用，它能使婚姻生活更加幸福。

卡耐基后记：如果你发现，这本《理想婚姻》价格昂贵，那么，我可以给大家推荐另外一本好书：汉娜和亚布拉翰·斯通博士合写的《婚姻手册》。

我曾经慢性自杀
——保罗·辛普森自述

6个月前，我的生活紧张、忧虑，没有一刻的放松。每晚回到家，我都是疲惫不堪。没有谁告诉我："保罗，你正在慢性自杀。为什么不放慢速度，好好放松一下呢？"

早上我迅速起床，快速吃饭。我刮胡子，穿上外套，匆匆驱车上班。我拼命地握着方向盘，生怕它飞了。我快节奏地工作，急急忙忙地回家，一心想早点睡觉。

我在这种状态下，去看了底特律著名的精神科医生。他告诉我，我需要放松，我无时无刻都要放松。即使是在工作、开车、吃饭和睡觉的时候，我也应该放松。我之所以说自己在慢性自杀，是因为我不会放松。

从此以后，我就开始放松。晚上上床睡觉之前，我会放松全身的肌肉，放松呼吸。早上起床的时候，我感到十分轻松。要是搁在从前，这种情形难以想象。吃饭和开车的时候，我也一样放松。只不过为了安全起见，我开车的时候注意力高度集中，精神却处于放松状态。工作中的放松至关重要。每天在适当的时候，你可以停下工作，看看自己是否处在保持放松的状态。电话铃声响起的时候，我不再像以前一样，匆匆忙忙去接。现在跟别人说话的时候，我一点都不紧张。

结果呢？我现在的生活丰富而快乐，而且我完全不再因为紧张和忧虑而烦恼。

发生在我身上的奇迹

——约翰·博格太太[1]自述

我曾经饱受忧虑之苦。我心绪不宁，精神紧张，无法享受生活的快乐。我的精神如此紧张，以至于我晚上无法入睡，白天无法放松。我3个年幼的孩子住在亲戚家，丈夫才刚刚从部队退役，准备筹建律师事务所。战后时期的危机感，我比任何人体会得都要深切。

我的状况不仅影响丈夫的事业与孩子的快乐，还直接影响我自己的人生。丈夫找不到房子，只能自己建造。但是，他必须等到我的情况好转才能动工。我越是拼命努力，越是害怕失败。我开始害怕承担责任，不敢相信自己，觉得自己是个彻底的失败者。

在那段痛苦的日子里，母亲做了一件令我终生感激、永远难忘的事情。她鼓励我坚强面对。她责怪我的胆小和懦弱，甚至不惜对我动用激将法，骂我不敢面对现实，只是一味地逃避。

我决定面对一切。周末我让父母回去，我亲自打理自己的家务，独自照顾我那两个幼小的孩子。我的睡眠有了质量，食欲增加，精神也渐渐好转。一周之后，父母过来看我。当时，我一边

1　约翰·博格太太，家住明尼苏达州明尼阿波斯利市。

熨烫衣服一边唱歌。我很快乐，觉得自己赢得了一场战争。我不会忘记这个教训。如果情况糟糕，一定要面对它，开始挑战，绝不妥协!

从那以后，我鼓励自己努力工作，忘掉烦恼。后来，我带着孩子们来到新家，与丈夫团聚。我坚信自己可以给孩子们一个健康、快乐的家庭。我把精力放在家庭、丈夫和孩子身上，根本无暇顾及自己。

奇迹发生了，我的身体变得越来越好。早上醒来的时候，我感觉十分幸福。我快乐地计划着新的一天，即使有时候，尤其是我疲倦的时候，会出现一些小麻烦，但是我告诉自己不要多想。随着时间的流逝，那些烦恼将会越来越少，最后全部消失。

现在，我有一个快乐成功的丈夫，3个可爱健康的孩子，一个幸福温馨的家庭。即使每天工作16个小时，我都不会觉得疲劳。我最终获得了安宁!

挫折

——芬兰可·蒙奈[1]自述

大概是50年前，父亲的一席话让我受益终生。他是一位医生。当时我在布达佩斯大学读书，有一次我考试不及格，觉得简直是奇耻大辱。我无法原谅自己，开始酗酒，以此逃避现实。

父亲知道后，立刻过来看望我。作为一个医生，他很快就发现了我的问题所在。我承认，自己是在逃避现实。

父亲给我开了处方。他对我说，借助喝酒或者安眠药根本解决不了问题。只有一个办法才能奏效，那就是做事！

后来我才知道，父亲有多么英明正确。习惯做事并非轻而易举，不过，只要坚持，早晚你会取得成功。久而久之，你会养成做事的习惯。一旦养成习惯，工作就会成为你人生不可或缺的部分。我坚持这个习惯，已经长达50年之久。

1　芬兰可·蒙奈，著名的匈牙利剧作家，《工作是最好的镇定剂》的作者。

因为忧虑，我18天内没有吃一口食物

——凯瑟尼·霍康珀·法默的体会

　　3个月前，我因为忧虑四天四夜没有睡觉，18天没有吃下一口食物。只要一闻到食物的气味，我就感到恶心。我无法用言语形容自己的痛苦，只是觉得自己体会到了地狱的感觉。我觉得，自己不久就会发疯或者死掉。

　　后来，我的人生开始转折：他们提前送了我这本书稿。在过去的3个月里，我依靠这本书生活。我认真阅读每页的内容，尝试找到一种新的生活方式。说实话，发生在我身上的变化简直令人难以置信。现在我能够面对每天的挑战。我意识到，过去自己担忧的并非是今天的难题，而是昨天已经发生的麻烦，或者明天即将出现的问题。现在，每每我开始担忧，我会提醒自己暂停，在这本书上寻找对策。如果有事情必须当天完成，我会忙碌起来，忘记忧虑。

　　回首往事，当我审视那些曾经困扰我的难题的时候，我就会采用本书第二篇第一章的办法。首先，我问自己，可能发生的最糟情况会是什么。然后，我告诉自己，接受现实。最后，我集中精力，解决问题，看看自己能够做到哪种程度。

当我遇到无法解决的难题，而我自己又难以接受，我就会祈祷："上帝啊，请赐予我力量，让我接受这些无法改变的事情吧；请赐予我勇气和力量，改变它们；请赐予我聪明才智，洞察它们。"

自从看了这本书以后，我就体验到了一种全新的生活方式。我不再用忧虑摧残自己的健康，我乐观地生活。每晚我可以酣睡9个小时，我的食欲也开始改善。我知道，我的另外一扇门已经打开。现在，看着周围的生活，我觉得一切如此美妙！感谢上帝，让我生活在这么美妙的一个世界里。

我建议你把此书读完。你不妨把它放在床头，在书上标出那些对你行之有效的方法，然后运用到实际生活当中。这不是普通意义上的"阅读教材"，而是一本通向新生活的"指导用书"。